リーマン教授にインタビューする

ゼータの起源から深リーマン予想まで

小山信也
黒川陽子 構成

Shinya Koyama interviews Prof. Bernhard Riemann

青土社

リーマン教授にインタビューする　目次

リーマン教授にインタビューする

ゼータの起源から
深リーマン予想まで

小山信也 著／黒川陽子 構成

まえがき

数学を志す人のうちの何名かは、数学史上最大の問題である「リーマン予想」を解きたいと思っているであろうし、そのうちの何名かは「提唱者リーマン教授に会ってみたい」「リーマン教授から解決のヒントを直接聞きたい」と思っているに違いない。

本書は、そんな、世の中から見れば少数派の人々の一助になればと思い執筆した。書名の通り、本書は、私がリーマン教授に会って話を聞いた内容を、インタビュー録としてまとめたものである。

このインタビューの内容の一部は、過去二回にわたり雑誌『現代思想』に寄稿した。第一回は二〇一六年三月増刊号「リーマン」特集であり、そこでは、教授自身がリーマン予想を着想した背景と今後の展望に関する部分を、対談の中から抜粋して記事にした。

第二回は同年十月増刊号「未解決問題集」特集であった。ここでは、リーマン予想が二十世紀以降の数学でいかに難問とされてきたか、その歴史をリーマン教授に説明し、教授から今後の研究方針に関するヒントを頂いた、そのやり取りの部分を記事にした。

ここで、読者の皆様に、告白とお詫びをしなければならない。『現代思想』の記事は、第一回「リーマン教授との対話」、第二回「リーマン教授との再会」であり、私は二度にわたり教授を訪れたことになっていた。だが、それは虚偽である。実は、私は一度しかリーマン教授を訪れていない。

第一回のとき『現代思想』でリーマン特集号を刊行するに当たり、リーマン教授との対談に成功した私の体験を掲載したいとの熱心な依頼を受け、執筆をお引き受けした。そのときに対談内容のすべてを記すことはできなかったので、要点のみを記した。その時点では、対談内容を明かすのは一度限りの機会であろうと思っていた。ところが、幸か不幸か、その記事が好評で、ぜひ続編をということになった。

第二回の執筆に当たり、私は、第一回で触れられなかった内容を書かせて頂いたが、第一回で出し惜しみをし、成果を小出しにしたと思われるのは印象が悪いと考え、あたかもリーマン教授を二度にわたって訪れたかのように取り繕い、話をでっち上げ「再会」というタイトルで記事を書いてしまった。

いくらなんでも、二度も軽々しくリーマン教授を訪れることができるはずはない。事実に反する記事を書いてしまったことを、読者の皆様にお詫びしたい。

実際に、私がリーマン教授にお会いしたのは一度だけである。本書には、その一度の面談で得た貴重な体験が記してある。

私がリーマン教授を訪れた理由は、たった一つの質問をしたかったからである。それは「私たちが取り組んでいる研究方針は、正しいですか？」

この質問に対する教授の答えを聞き出すため、私は、対談の中で、まず前提となる事項を共有すべく、教授がリーマン予想を着想した当時の数学的な背景を確認した。このやり取りの内容は本書の第一部に収めた。

続いて、予想が提唱された後の時代、とくに二十世紀以降の研究の進展について教授に報告し、リーマン予想がいかに難問とされてきたかを説明した。この内容は本書の第二部に記した。

そして最後に、第三部で、私は自分たちの研究方針を説明し、リーマン教授の考えを聞き出した。

結果論ではあるが、本書の第一部、第二部は、リーマン予想の入門的な解説、それも、歴史的な進展を踏まえた初心者向けの入門書として利用できる。そして第三部は、これからリーマン予想を解いてみようと思っている人々にとって参考になるだろう。

対談をありのままに記しただけの本書が、このように想定外の効果をもって若い人々のもとに届くとすれば、こんなに嬉しいことはない。

二〇一八年三月

著者

第一部　リーマン予想とは

序章　出逢い

［一八五九年十一月、ドイツ・ゲッティンゲンにて］

小山　リーマン教授ですね。

リーマン　見慣れない顔ですね。なぜ私の事を知っているのですか。

小山　実は、私は二十一世紀からやってきました。今から百五十年以上後の世界の人間です。二十一世紀では、リーマン教授は世界的に有名であり、数学者で教授の顔を知らない者はいません。

リーマン　そういえば、先月も、二〇〇九年から会いに来たという日本人の研究者がいましたね。確か、「クロ……」。

小山　黒川信重教授のことではないですか?

リーマン　そうです。黒川教授です。彼は、私が著作「微小空間の精神界と物質界のせめぎあい」の中で述べた原理から思いついた方法で、時空を越えることに成功したと言っていまし

x 以下の素数の個数 $\pi(x)$ は，次式を満たす．

$$\pi(x) = \sum_{m=1}^{\infty} \frac{\mu(m)}{m}\left(\mathrm{Li}(x^{\frac{1}{m}}) - \sum_{\rho} \mathrm{Li}(x^{\frac{\rho}{m}}) + \int_{x^{\frac{1}{m}}}^{\infty} \frac{du}{(u^2-1)u\log u} - \log 2\right).$$

ここで，

$$\mu(m) = \begin{cases} 1 & \cdots\ m \text{ は偶数個の相異なる素数の積または } 1, \\ -1 & \cdots\ m \text{ は奇数個の相異なる素数の積,} \\ 0 & \cdots\ \text{その他（つまり素数の 2 乗で割り切れるとき）} \end{cases}$$

はメビウス関数．

$$\mathrm{Li}(x) = \int_0^x \frac{du}{\log u}$$

は対数積分であり，ρ は $\zeta(s)$ の零点で $0 \leq \mathrm{Re}(\rho) \leq 1$ を満たすものを動く．

図１．リーマンの素数公式

た。

小山　黒川教授が来られた二〇〇九年は、リーマン教授が素数に関する論文を書かれた今年から、ちょうど百五十年後です。

リーマン　私が著した整数論の論文「与えられた数より小さい素数の個数について」のことですね。ちょうど今月の「ベルリン学士院月報」に掲載されています。

小山　はい。この論文は、素数公式（図1）を主定理としていましたね。それまで長い間、素数の発生は不規則で捉えようがないと考えられていたわけですが、この素数公式では、x 以下の素数の個数 $\pi(x)$ が「ゼータ関数の複素零点」を使って誤差項無しでぴったりと書けたのですから。

数学史上に残る、まさに驚くべき発見です。

リーマン　そうでしょう。この素数公式は、私の自信作ですから。

小山　はい。確かに素晴らしい定理です。そして、この論文は、二十世紀、二十一世紀の数学界で、知らぬ者はないほど有名になりました。それには、素数公式以外にもう一つの理由がありました。

リーマン　と言うと？

小山　リーマン教授がこの論文中に書かれた「グザイ関数の零点が全て実数であろう」との予想、言い換えると

ゼータ関数のすべての虚な零点の実部は二分の一であろう

という予想が、後に**リーマン予想**と呼ばれ、数学最大の未解決問題と呼ばれるようになったのです。

リーマン　そうでしたか。

小山　リーマン予想は「ミレニアム問題」の筆頭に掲げられ、百万ドルの賞金が賭けられています。「ミレニアム問題」とは、西暦二〇〇〇年にアメリカのクレイ数学研究所が、数学の主要な未解決問題として七題を選定し、一題につき百万ドルの賞金を設けたものです。リーマン予想はそれから二十年近く経過した今も、少しも解決されていません。教授がこの予想を

提出してから、実に百五十年以上、全く解かれていないのです。

リーマン　それは意外ですね。論文にも書きましたが、私は、この予想をそれほど突き詰めて考えませんでした。この論文の目的はあくまで素数公式だったので、この予想を敢えてそれ以上追究しなかったのです。

小山　百五十年以上にわたり、リーマン予想を解決するため、多くの数学の新分野や新概念が生まれました。その様子は、黒川教授が二〇〇九年に岩波書店から出版された『リーマン予想の150年』という著書に、詳しく書かれています。

リーマン　ほう。一つの予想が本になるとは、なかなか珍しいことですね。

小山　はい。黒川教授がこちらに伺ってリーマン教授にインタビューをさせていただいたのも、その本を書くための取材の一環だったと聞いています。実際、インタビューの様子はその本の第六章に収録されています。

リーマン　なるほど。で、あなたも、黒川教授と同じように私に話を聞きにいらしたというわけですか。

小山　はい。リーマン予想の解決に向けたヒントを頂くために、教授に直接お話を伺いにきました。本日はどうかよろしくお願いします。

第一章　ゼータの起源

小山　リーマン教授が証明された素数公式の特徴は、何と言っても、ゼータ関数の複素零点を用いたことですね。

リーマン　そうですね。それまでのゼータ関数の変数は実数、それも多くの場合は整数で考えられていました。実際、その時点では「関数」と呼ばれたこともなく、私が命名するまで「ゼータ」の呼称もありませんでした。実変数のゼータ関数については、私よりも百年以上も前に、オイラーが既にいろいろな研究成果を得ていました。

小山　オイラーが活躍したのは十八世紀ですが、それ以前は、後の言葉でいう「ゼータの特殊値」、すなわち、具体的な数値からなる級数の値を求めることが主流でしたね。

リーマン　はい。当時の数学は具体的な研究対象を扱っていました。「俺はこんな級数の値を求めた」と言って自慢し合う感じだったのかもしれません。

小山　たとえば、十四世紀にインドで発見されたマーダヴァ級数

$$1-\frac{1}{3}+\frac{1}{5}-\frac{1}{7}+\cdots=\frac{\pi}{4}$$

や、十七世紀にヨーロッパで発見されたメルカトル級数

$$1-\frac{1}{2}+\frac{1}{3}-\frac{1}{4}+\cdots=\log 2$$

ですね。

リーマン　失礼ですが、そのマーダヴァ級数はライプニッツ級数ではありませんか？

小山　はい。長らく「ライプニッツ級数」と呼ばれていましたが、二十世紀から二十一世紀にかけて数学史的な検証が進み、ライプニッツより約三百年前にマーダヴァというインド人によって発見されていたことが判明しました。

リーマン　インドの数学がそこまで進んでいたとは、驚きですね。

小山　マーダヴァの証明は、実質的に逆三角関数 $\tan^{-1}x$ のマクローリン展開

$$\tan^{-1}x=x-\frac{x^3}{3}+\frac{x^5}{5}-\frac{x^7}{7}+\cdots$$

を与えており、ライプニッツ以降の現代的な証明と同等の数学に達していました。

リーマン　この式に $x=1$ を代入すれば、$\tan^{-1}1=\pi/4$ である事実から、マーダヴァ級数の値は容易に得られますね。

小山　一方、メルカトル級数の値が $\log 2$ であることも、$\log(1+x)$ のマクローリン展開

$$\log(1+x) = x - \frac{x^2}{2} + \frac{x^3}{3} - \cdots \qquad (-1 < x \leq 1)$$

に $x=1$ を代入すれば得られます。

リーマン　マーダヴァはもちろんですが、メルカトルも、解析学の基礎が未発達であった当時に、いち早くテイラー展開に相当する概念を見出していたわけですね。

小山　時代を遡り、ゼータの起源を一つ挙げるとすれば、十四世紀に、フランスのオレームによって証明された「全ての自然数の逆数の和は無限大に発散する」という定理だと思います。

リーマン　それは、調和級数の発散、すなわち

$$1 + \frac{1}{2} + \frac{1}{3} + \frac{1}{4} + \frac{1}{5} + \cdots = \infty$$

という事実ですね。これは、微積分学を用いなくても、図2に示す方法で初等的に証明可能です。

小山　この定理が、ゼータ関数論の全ての基盤にあると言っても過言ではありません。実際、十八世紀にオイラーは、この事実を用いて素数の新たな性質を解明したのでしたね。

リーマン　はい。オイラーは、自然数全体にわたる和としてのゼータ関数

オレームの定理

$$1+\frac{1}{2}+\frac{1}{3}+\frac{1}{4}+\cdots=\infty.$$

証明

$$\begin{aligned}1&+\frac{1}{2}+\frac{1}{3}+\frac{1}{4}+\frac{1}{5}+\frac{1}{6}+\frac{1}{7}+\frac{1}{8}+\cdots\\&>1+\frac{1}{2}+\underbrace{\frac{1}{4}+\frac{1}{4}}_{2\text{個}}+\underbrace{\frac{1}{8}+\frac{1}{8}+\frac{1}{8}+\frac{1}{8}}_{4\text{個}}+\cdots.\end{aligned}$$

$\frac{1}{4}$ は 2 つ加えると $\frac{1}{2}$ となり，$\frac{1}{8}$ は 4 つ加えると $\frac{1}{2}$ となるから，

$$1+\frac{1}{2}+\underbrace{\frac{1}{4}+\frac{1}{4}}_{\frac{1}{2}}+\underbrace{\frac{1}{8}+\frac{1}{8}+\frac{1}{8}+\frac{1}{8}}_{\frac{1}{2}}+\cdots=1+\frac{1}{2}+\frac{1}{2}+\frac{1}{2}+\cdots=\infty.$$

図２．調和級数の発散とその証明

$$\zeta(x) = 1 + \frac{1}{2^x} + \frac{1}{3^x} + \frac{1}{4^x} + \frac{1}{5^x} + \cdots$$

が、$2, 3, 5, 7, 11, 13, 17, 19, \cdots$ という素数全体にわたる積

$$\zeta(x) = \frac{2^x}{2^x - 1} \times \frac{3^x}{3^x - 1} \times \frac{5^x}{5^x - 1} \times \frac{7^x}{7^x - 1} \times \cdots$$

と表されることを証明しました。

小山　これは「オイラー積」と呼ばれ、二十一世紀の世界でも、数学史上最大の発見の一つに数えられています。

リーマン　オイラー積がいかに偉大な発見であるかは、それが「素数が無数に存在するという事実」を如実に表していることからもわかります。たとえば、$x = 1$ のとき、$\zeta(1)$ はオレームの発見した調和級数となり、

$$\zeta(1) = 1 + \frac{1}{2} + \frac{1}{3} + \frac{1}{4} + \frac{1}{5} + \cdots = \infty$$

と、無限大に発散しますが、この事実とオイラー積を見比べると、素数が無数に存在することが直ちにわかります。

小山　オイラー積が「素数全体にわたる積」だからですね。

リーマン　はい。仮に素数が有限個しか存在しないとすると、オイラー積は有限個の数の積となるので、$x = 1$ を代入した値 $\zeta(1)$ も有限となってしまい、それはオレームが発見した調和

級数の値

$$\zeta(1)=\infty$$

に矛盾するからです。

小山　「素数が無数に存在すること」は紀元前にユークリッドが得ていた定理ですが、このオイラーの証明はそれと全く異なるアイディアを用いていて、完全な新証明となっていますね。ユークリッドの証明は「有限個の既知の素数があったら、それらをすべて掛けた積に1を加えた数は、既知の素数のどれで割っても1余るから、そのどれでも割り切れない。したがって新しい素数を約数に持つ」という議論でした。オイラーは、この方針を全く用いずに「素数が無数に存在すること」を証明しています。

リーマン　それだけではありません。「オイラー積の値が無限大だから、よって $\zeta(1)$ は無限個の数の積である」という議論は、同値な論証ではないのです。「オイラー積の値が無限大である」は、「$\zeta(1)$ は無限個の数の積である」よりも強い命題です。したがって、実際には、単に「無限であること」以上に深い事実が証明されていることになります。

小山　そうですね。一般に、無限個の数の和（無限級数）に収束と発散があるように、無限個の数の積（無限積）にも収束と発散がありますからね。

リーマン　その通りです。一口に「素数が無限個存在する」と言っても、「どれくらい大きな無限なのか」という疑問は残ります。もし、素数が非常に稀にしか出現しなければ、素数の個数は、いわば「小さな無限大」となり、オイラー積は、無限積であっても有限の値に収束する可能性があります。オイラー積の発散からわかることは、素数の個数が「ある程度大きな無限大である」ということなのです。

小山　素数が出現する回数が単に無限であるだけでなく、出現の頻度がある程度高い事実にまで踏み込んだ結果というわけですね。

リーマン　そういう意味で、オイラーはユークリッドの定理の新証明を与えただけでなく、それまで知られていなかった新しい事実を初めて発見し、新定理を証明したことになります。オイラーの研究は、ユークリッドの結果を二千年ぶりに改良したものと言えるでしょう。

小山　ところで、オイラーの業績でもう一つ有名なものに「バーゼル問題の解決」がありますね。

リーマン　はい。この問題は十七世紀後半から十八世紀初頭にかけて、スイスのバーゼルを中心に、ベルヌーイなど当時世界的に一流の数学者たちがこぞって挑戦しながら誰も解けなかった問題で、「すべての平方数の逆数の和はいくつか」というものです。すなわち、

$$1+\frac{1}{2^2}+\frac{1}{3^2}+\frac{1}{4^2}+\frac{1}{5^2}+\cdots=\ ?$$

ゼータ関数の言葉で今流に言えば、「$\zeta(2)$ を求めよ」となります。

小山　当時まだ無名だった若きオイラーが、並みいる一流の数学者たちを差し置いて

$$\zeta(2) = 1 + \frac{1}{2^2} + \frac{1}{3^2} + \frac{1}{4^2} + \frac{1}{5^2} + \cdots = \frac{\pi^2}{6}$$

という衝撃的な答を得、一躍世界の数学界のスターダムに躍り出たことは、数学史上でも有名です。そのエピソードの詳細は、私の訳書『オイラー博士の素敵な数式』(日本評論社)にも記しました。

リーマン　とりわけ、答えが円周率 π を用いて表されたことは、特筆すべき事実であり、誰も予想だにしなかったでしょうね。

小山　円周率が登場する理由は、証明を見るとわかりやすいですね。$\zeta(2) = \frac{\pi^2}{6}$ の証明は何通りか知られていますが、ここでは $\sin \pi x$ の因数分解を用いる方法を挙げます(図3)。

リーマン　この証明では三角関数 $\sin \pi x$ が登場しますので、円周率が絡んでくることが自然に納得できますね。とはいえ「すべての平方数の逆数の和」を求めるために三角関数を使うとは、普通はなかなか思いつかないでしょう。

小山　$\sin x$ の零点が「π の整数倍」なる数の全体であり、そのことから $\sin \pi x$ の零点がちょうど「整数の全体」となることがポイントです。ここで π が登場し、整数を考察するために円周率が欠かせない存在となるわけです。

リーマン　一般に、関数の零点がわかれば、その関数の因数がわかり、すべての零点がわかればすべての因数がわかります。

小山　はい。その事実は「因数定理」と呼ばれていて、現在では高校数学の内容になっています。

$\zeta(2)=\frac{\pi^2}{6}$ の証明

$\sin\pi x$ の因数分解

$$\begin{aligned}\sin\pi x &= \pi x\,(1+x)\,(1-x)\left(1+\tfrac{x}{2}\right)\left(1-\tfrac{x}{2}\right)\left(1+\tfrac{x}{3}\right)\left(1-\tfrac{x}{3}\right)\cdots.\\ &= \pi x(1-x^2)\left(1-\tfrac{x^2}{2^2}\right)\left(1-\tfrac{x^2}{3^2}\right)\times\cdots\end{aligned}$$

を展開して

$$\sin\pi x = \pi x\left[1-\left(1+\tfrac{1}{2^2}+\tfrac{1}{3^2}+\cdots\right)x^2+(x^2\text{より高次の項})\right]$$

$$= \pi x - \pi\zeta(2)x^3 + (x^3\text{より高次の項}).$$

これを，$\sin\pi x$ のマクローリン展開

$$\sin\pi x = \pi x - \tfrac{\pi^3}{3!}x^3 + (x^3\text{より高次の項})$$

と比較する．x^3 の係数を見て，$\pi\zeta(2)=\frac{\pi^3}{3!}$．よって，$\zeta(2)=\frac{\pi^2}{6}$.

図３．バーゼル問題の解答

リーマン　「$f(x)$ が $x=n$ で零点を持てば、$f(x)$ は $x-n$ を因数に持つ」という定理ですね。

小山　はい。そのような零点が有限個しかないような多項式の場合を高校数学で扱っています。一方、零点が無数に存在する場合、$f(x)$ は多項式とは限らず、より一般の関数となります。こうして、三角関数も含めた一般の関数に対し、その因数分解、すなわち無限積の形を求めることができます。

リーマン　その際、気をつけなければならないことは、収束性ですね。

小山　はい。単に、すべての整数 n に対して因数 $x-n$ を掛け合わせると、

$$\sin \pi x = Cx(x+1)(x-1)(x+2)(x-2)(x+3)(x-3)\cdots \quad (C \text{は定数})$$

という形が得られますが、この無限積は明らかに発散してしまうため、意味を持ちません。実際、x の1次の項の係数は、最初の x 以外の因数からすべて定数項を選んで掛けたものですから、

$$C\cdot 1\cdot (-1)\cdot 2\cdot (-2)\cdot 3\cdot (-3)\times\cdots$$

となり、発散して求められません。

リーマン　そこで、無限積を考える場合には、因数の形を $x-n$ でなく、それを n で割った $\frac{x}{n}-1$ とし、さらにマイナス1倍して $1-\frac{x}{n}$ の形にするのですね。

小山　はい。n で割ることにより、無数に掛けたときの収束性が良くなり、意味のある無限積を

得ることができます。さらに、マイナス1倍することにより、因数の中の定数項が常に1になりますので、それらの無限個にわたる積も1となり、計算がしやすくなるわけです。

リーマン　そうやって、$\sin \pi x$ を

$$\sin \pi x = Cx(1+x)(1-x)\left(1+\frac{x}{2}\right)\left(1-\frac{x}{2}\right)\left(1+\frac{x}{3}\right)\left(1-\frac{x}{3}\right)\cdots$$

という形に因数分解できるわけですね。定数の C も、二十一世紀には高校数学で求められますか。

小山　はい。極限値の式

$$\lim_{x \to 0} \frac{\sin \pi x}{x} = \pi$$

を高校で習いますから、これを用いると、容易に求められます。実際、x 以外の無限個の因数は、すべて $x \to 0$ のときに1に収束しますので、因数分解の式を x で割った

$$\frac{\sin \pi x}{x} = C(1+x)(1-x)\left(1+\frac{x}{2}\right)\left(1-\frac{x}{2}\right)\left(1+\frac{x}{3}\right)\left(1-\frac{x}{3}\right)\cdots$$

の両辺で $x \to 0$ の極限値をとれば、$C = \pi$ という結論が容易に得られます。

リーマン　これで、図3の証明の冒頭に掲げた因数分解の式が導かれましたね。

小山　それさえわかれば、後は図3の後半に示すように、テイラー展開の係数を比較するだけでバーゼル問題の解答は得られます。

リーマン　ところで、この π^2 が無理数であることから、$\zeta(2)$ が無理数であることがわかり、これもまた、「素数が無数に存在する」というユークリッドの定理の新証明を与えています。

小山　それも、オイラー積からわかることですね。素数が仮に有限個しかなかったとしたら、オイラー積が有限個の数の積となり、そうすると、$x=2$ を代入した $\zeta(2)$ も有理数の有限個の積となり、有理数となってしまうから矛盾するというわけですね。

リーマン　ええ。ただ、オイラー自身はこのことを意識していなかったと思われます。π の超越性がきちんと論じられたのは十八世紀の後半からであり、オイラーの後の時代でしたので。

小山　それに、先ほど述べた $\zeta(1)=\infty$ によって、オイラー自身はもっと深い事実に到達していたので、$\zeta(2)$ の無理性を使ってユークリッドの定理の新証明を得ることにそれほど価値があったとは思えませんね。

リーマン　それよりも、むしろ、オイラーの傑出した業績に数えられるのは、ゼータの定義式が発散してしまうはずの負の整数における特殊値について、正しい結果を得ていたことでしょうね。

小山　たとえば、$\zeta(-1)=-\frac{1}{12}$ などですね（図4）。

リーマン　はい。オイラーは、事実上、今でいう解析接続と同等の概念を得ていたと言って良いでしょう。その上、オイラーは、正整数と負整数の特殊値の関係も見出しており、「日と月の双対性」と呼んでいます。

$$X = 1 + 2 + 3 + 4 + \cdots$$

とおくと、

$$\begin{aligned} X - 4X &= (1 + 2 + 3 + 4 + \cdots) - 4(1 + 2 + 3 + 4 + \cdots) \\ &= (1 + 2 + 3 + 4 + \cdots) - 2(2 + 4 + 6 + 8 + \cdots) \\ &= 1 - 2 + 3 - 4 + \cdots \underset{*}{=} \frac{1}{4}. \end{aligned}$$

よって $-3X = \frac{1}{4}$ であるから $X = -\frac{1}{12}$.

ただし、＊の等号は、良く知られた無限等比級数の和の公式

$$1 - x + x^2 - x^3 + \cdots = \frac{1}{1+x}$$

の両辺を二乗して得る次の公式に $x = 1$ を代入して得る。

$$1 - 2x + 3x^2 - 4x^3 + \cdots = \frac{1}{(1+x)^2}$$

図4．「すべての自然数の和」$= -\frac{1}{12}$

小山　それは、リーマン教授も論文中で指摘されている「$\zeta(s)$ と $\zeta(1-s)$ の関係」、すなわち「ゼータ関数の関数等式」のことですね。

リーマン　そうです。つまり、オイラーの時代は複素関数論がまだきちんとできていなかった。そんな環境下で、オイラーは解析接続や関数等式など多くの性質を、その時代流の書き方、理解の仕方で、きちんと得ていたと思われるのです。

小山　図4に示した「すべての自然数の和はマイナス十二分の一である」という事実は、ゼータ関数の解析接続を用いて表せば、$\zeta(-1) = -\frac{1}{12}$ と記述されますが、オイラーは、これを素朴な無限の演算で理解していたのですよね。

リーマン　はい。驚異的な洞察ですね。

第二章　リーマン教授と複素数

小山　ゼータ関数の理論において、リーマン教授の傑出した業績は、ゼータを複素数の上で扱ったことであり、これによってゼータ関数に命が吹き込まれたと言っても過言ではないと思います。

リーマン　天才オイラーが発見した突拍子もないように見える数式のいくつかは、複素数を通して考えることで完全に解釈できました。

小山　それは、数学が「目に見える対象」のみを扱う素朴な学問から、論証によって構築された「目に見えない概念」をも扱う学問へと進化した瞬間であったことが、後世から見るとわかります。リーマン教授はまさにその進化の担い手であったのです。

リーマン　そこまで言って頂けるとは光栄なことです。

小山　ここから、リーマン教授が論文で用いている記号にならい、これまで用いてきた実変数の記号xを、複素変数の記号sに変更します。

リーマン　xは数直線上の点として表されるのに対し、sは数平面上の点であるとみなせますね。

小山　リーマン教授が論文で用いられた記号にならい、sの実部をσ、虚部をtと置き、$s=\sigma+it$と記すことが、この分野の習慣になっています。

リーマン　そうすると、複素数は横軸がσ、縦軸がtであるような平面上の点として表されます。

小山　複素数$s=\sigma+it$は、平面上の点(σ, t)として表され、複素数の絶対値$|s|$は、原点とその点の間の距離なので$|s|=\sqrt{\sigma^2+t^2}$となります（図5A）。

リーマン　とくに、sが実数の場合、すなわち、$t=0$の場合、これは実数に対する通常の絶対値の概念と一致します。二乗してルートをとれば、元の数が正でも負でも、結果は必ず正の数になりますから。

小山　はい。そして、ゼータの理論で欠かせないのは「複素数乗」の概念です。ゼータ関数の定義式

$$\zeta(s)=1+\frac{1}{2^s}+\frac{1}{3^s}+\frac{1}{4^s}+\frac{1}{5^s}+\cdots$$

の各項$\frac{1}{n^s}$（nは自然数）が、どれくらいの大きさの複素数なのかが、ゼータを研究する上で決定的に重要だからです。

リーマン　「複素数乗」の概念は、オイラーの時代に既に知られていました。有名な「オイラーの公式」は、任意の実数θに対し

$$e^{i\theta}=\cos\theta+i\sin\theta$$

が成り立つというものですね（図5B）。

小山　はい。ここで、底をeにしているのは、公式が簡潔になるからです。底を一般にした場合、たとえば「nのit乗」なら、

$$n^{it}=(e^{\log n})^{it}=e^{it\log n}$$

となりますから、オイラーの公式に$\theta=t\log n$を代入したものとなります。

リーマン　オイラーの公式は「複素数乗」の中でも特に「純虚数$i\theta$乗」を表していますが、一般の「複素数s乗」は、オイラーの公式と指数法則を組み合わせて

$$e^{s}=e^{\sigma+it}=e^{\sigma}e^{it}=e^{\sigma}(\cos t+i\sin t)$$

のように表すことができます。

小山　そうすると、「複素数s乗の絶対値」は、まず底がeの場合、

$$|e^{s}|=e^{\sigma}|\cos t+i\sin t|=e^{\sigma}\sqrt{\cos^2 t+\sin^2 t}=e^{\sigma}$$

となり、絶対値は指数のsを実部σに置き換えたものとなります。

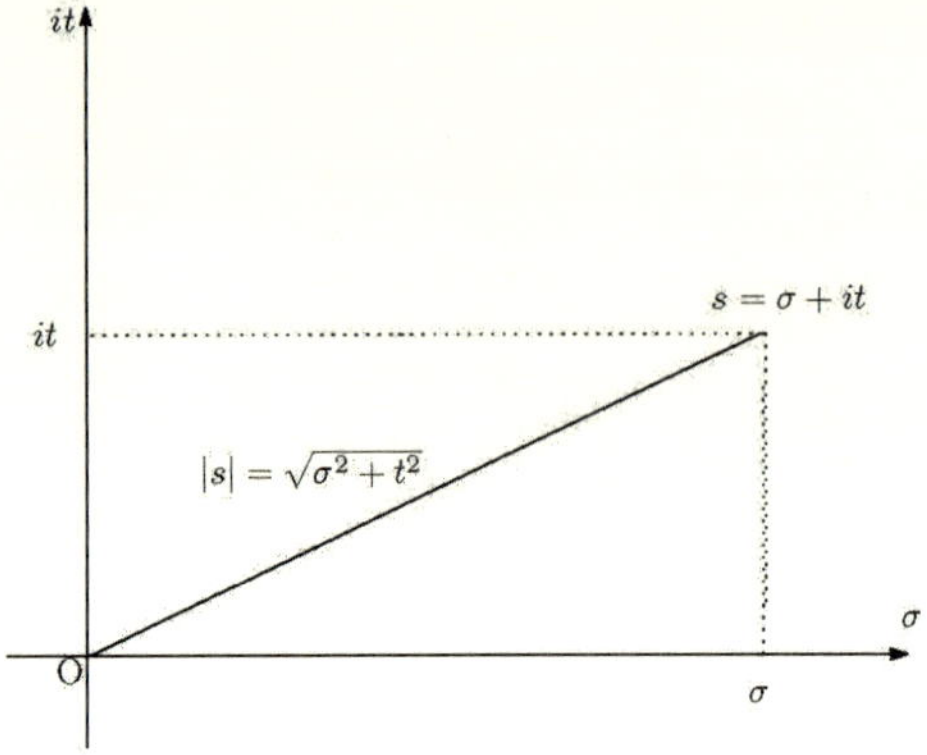

図5 A.　複素数平面

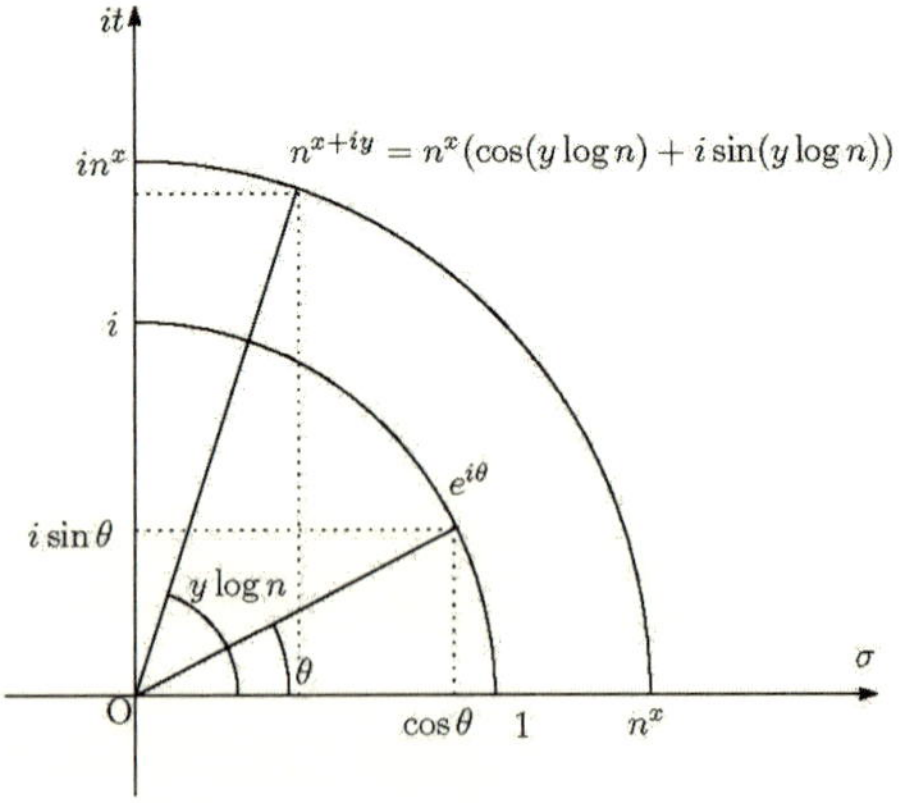

図5 B.　複素数乗

リーマン　さらに、底が一般の n の場合も、同様にして

$$|n^s| = (e^{\log n})^\sigma = e^{\sigma \log n} = n^\sigma$$

となり、やはり、絶対値は指数の s を実部 σ に置き換えたものとなります。

小山　これが、リーマン予想に「複素数 s の実部」が登場する、最も直接的な理由ですね。

リーマン　はい。ゼータの研究をする際、まず真っ先に考えるべきことは、ゼータ関数の定義式

$$\zeta(s) = 1 + \frac{1}{2^s} + \frac{1}{3^s} + \frac{1}{4^s} + \frac{1}{5^s} + \cdots$$

がどこで有効か、すなわち、どこで収束するかということです。収束しなければ、この式自体が無意味となりますので。

小山　ただ、s が複素数のとき、級数の各項 $\frac{1}{n^s}$（n は自然数）も複素数になりますので、互いに打ち消し合いが生じる可能性がありますね。

リーマン　はい。実数の場合は、正の数と負の数を加えると互いに打ち消し合い、和の値が小さくなり、収束しやすくなります。そして、この現象は複素数になるとより複雑になりますね。

小山　正と負が打ち消すだけでなく、原点から各方向に放射状に散らばっている複素数たちが二次元的に打ち消し合うからですね。

リーマン　そうした二次元的な打ち消し合いの効果を正確に抽出することは非常に難しいと、私には思われますが、二十一世紀の数学を使っても、それはやはり難しいのでしょうか。

小山　はい。まさにそれが、リーマン予想が未解決である理由とも考えられますし、ゼータ関数論の根底にある問題意識だと言っても過言ではありません。複素数$\frac{1}{n^s}$（nは自然数）の偏角θは$\log n$に比例しますので、いわば「整数の自然対数」の形をした数の分布の様子によって、原点の周りを囲む複素数たちの散らばり具合が決まります。

リーマン　直感的には、そういう数は、ランダムに散らばっているように感じられますね。「整数」と「自然対数」は異質な組み合わせであり、そこに何らかの関連性や規則性が生じるのは不自然ですから。

小山　そうなんです。そういう素朴な発想を突き詰めたものがリーマン予想であると考えられます。

リーマン　そういった打ち消し合いを正確に抽出することは困難であり、不可能に近いですね。

小山　そこでまず、打ち消し合い以外の要因による収束性を調べてみるわけです。

リーマン　そのためには、級数の各項の絶対値をとった級数の収束性を考えれば良いです。

小山　それは、**絶対収束**と呼ばれる概念ですね。

リーマン　sが実数のときは、そもそも打ち消し合いがないわけですから、私たちは、無意識に絶対収束を考えていました。

小山　絶対収束とは、たとえ打ち消し合いがなくても良いくらい、各項が十分に小さくなることにより、全体の和が収束する現象ですね。

リーマン　バーゼル問題は、$s = 2$でゼータ関数が収束して値が$\pi^2/6$であるという結論でしたが、具体的な値は別にして、そこでの収束は絶対収束でした。

小山　その $s=2$ と収束の状況が似ている複素数 s のなす領域が、絶対収束域です。まず、s が実数の場合の収束域を、証明とともに確認してみましょう。

リーマン　s が実数なら、ゼータ関数

$$\zeta(s)=1+\frac{1}{2^s}+\frac{1}{3^s}+\frac{1}{4^s}+\frac{1}{5^s}+\cdots$$

は、$s>1$ で収束、$s\leqq 1$ で発散します。

小山　発散する方の証明は簡単ですね。先ほどのオレームの定理から、ちょうど $s=1$ のときに発散することは証明済ですから、s が小さいほど各項が大きくなることから、$s\leqq 1$ で発散することは明らかです。

リーマン　$s\leqq 1$ における証明は、境界点の一点のみで証明すれば、あとはその点との大小を比較するだけで良いですから簡単ですね。それに比べると、$s>1$ で収束することは自明ではありませんね。一点だけにおける結果からこの範囲のすべての s に対して示すことは不可能です。これを証明するにはいろいろな方法があり得ると思いますが、二十一世紀ではどの証明が好まれていますか。

小山　そうですね。最も早くて手軽なのは、オイラー・マクローリンの定理を用いる方法でしょうか。これは、無限級数の収束性を、広義積分の収束性に帰着するものです。自然数 n に対して決まる数列の一般項を、飛び飛びの自然数の間を埋めて実数 x 上で定義される関数

に書き換える手続きが必要になります。

リーマン　なるほど。今、この時代に、すでにある方法ですね。$\frac{1}{n^s}$（nは自然数）という項の代わりに、$\frac{1}{x^s}$（xは実数）という関数を考え、ゼータ関数の定義式の無限級数の代わりに広義積分

$$\int_1^\infty \frac{1}{x^s}dx$$

を考えるわけですね。

小山　この広義積分を計算すると、$s>1$のときのみ収束して値が$1/(s-1)$となり、$s \leqq 1$のときは発散することがわかります。

リーマン　オイラー・マクローリンの方法は、このケースのように、級数の和を求めるのが難しく、一方、定積分の計算が易しい場合には有効です。

小山　ただし、飛び飛びの離散的な値しかとらない自然数の間を埋めるように実数上の関数を構成する際、適切な方法で埋める必要があります。

リーマン　整数と整数の間を滅茶苦茶な挙動の関数でつないでしまったら、当然、級数と広義積分の収束性は無関係になってしまいますからね。今の場合は単調減少な関数で埋めていますから、問題ないですね。

小山　これで、sが実数のとき、ゼータ関数の収束範囲が$s>1$であることがわかりました。

リーマン　次は、sを複素数にしたらどうなるかですね。今、考えていたのは、絶対収束域でした。

小山　それには、各項の絶対値をとった級数

$$1 + \left|\frac{1}{2^s}\right| + \left|\frac{1}{3^s}\right| + \left|\frac{1}{4^s}\right| + \left|\frac{1}{5^s}\right| + \cdots$$

の収束性を考えれば良いわけですね。

リーマン　先ほど見たように、各項の絶対値は、s の実部 σ を用いて

$$\left|\frac{1}{n^s}\right| = \frac{1}{n^\sigma}$$

と表されますので、この級数は、

$$\zeta(\sigma) = 1 + \frac{1}{2^\sigma} + \frac{1}{3^\sigma} + \frac{1}{4^\sigma} + \frac{1}{5^\sigma} + \cdots$$

と同じものになりますね。

小山　つまりこれは、s が実数のときのゼータ関数ですから、$\sigma > 1$ が収束範囲となります。

リーマン　これで結論が出ましたね。$\zeta(s)$ の定義式が絶対収束する領域は、$\sigma > 1$、すなわち「s の実部が1より大きな領域」であるということです（図6）。

小山　図6の記号 $\mathrm{Re}(s)$ と $\mathrm{Im}(s)$ は、それぞれ s の実部と虚部を表します。

リーマン　図5の記号で言えば、縦軸が t 軸、横軸が σ 軸に相当しますね。

小山　図6は、リーマン・ゼータ関数 $\zeta(s)$ の定義式

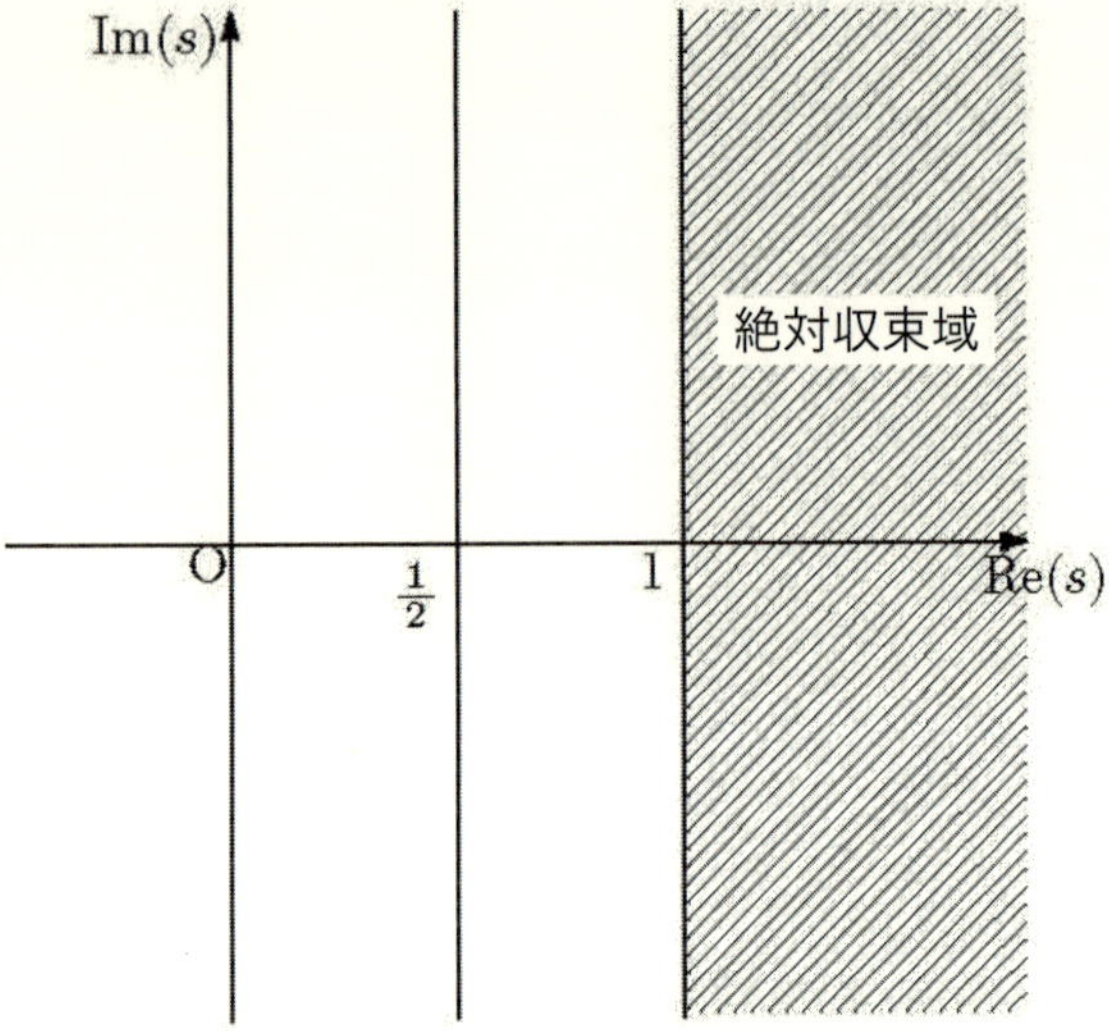

図6. リーマン・ゼータ関数の絶対収束域

$$\zeta(s) = 1 + \frac{1}{2^s} + \frac{1}{3^s} + \frac{1}{4^s} + \frac{1}{5^s} + \cdots$$

が有効であるような、複素変数 s の範囲を斜線部で示しています。

リーマン　ただし、境界線の $\mathrm{Re}(s) = 1$ は含みません。

小山　そして、リーマン・ゼータ関数の場合、絶対収束でない普通の収束域も、図6で示した絶対収束域と同じであることが知られています。

リーマン　複素数どうしの打ち消し合いが、思ったほど大きく起きないということですね。

小山　ええ。もし打ち消し合いの効果が大きければ「絶対収束はしないけれども（普通の）収束はする」という領域があり得るため、収束域は絶対収束域よりも広がる可能性があり得ます。しかし、先ほどオレームの定理で見たように、リーマン・ゼータ関数は $s = 1$ で無限大になります。これを複素関数論で「極」と呼びますが、リーマン・ゼータ関数も含めたディリクレ級数の一般論として「極より左側の点では発散する」という定理があります。この定理を認めれば、収束域が図6の斜線部より広がらないことが直ちにわかります。

リーマン　そうですね。ディリクレ級数はゼータ関数を一般化した概念であり、ゼータ関数の各項 $\frac{1}{n^s}$（n は自然数）の分子の1の代わりに一般の複素数を考えた形の級数のことですね。私が師と仰いでいるディリクレ教授の名前が冠せられているのは嬉しいことです。

小山　さて、図6には絶対収束域の斜線部以外に、$\mathrm{Re}(s) = 1/2$ の線が書いてあります。これがまさにリーマン教授が発見されたゼータ関数の「臨界線」であり、リーマン予想に登場する直線です。これこそが「数学で最も重要な直線である」といっても過言ではありません。

リーマン　そういって頂けるとはありがたい。それを説明するためには、まず何よりも、ゼータ関数を斜線部から外の領域に拡張することが必要ですね。今の状態では、ゼータ関数は斜線部でしか定義されていないわけですから。

小山　そこで図4に戻り、天才オイラーの業績を改めて振り返ってみましょう。「全ての自然数の和を求めた」という突拍子もない着想のポイントは、図4の証明の下から三行目で無限等比級数の和の公式

$$1 - s + s^2 - s^3 + \cdots = \frac{1}{1+s}$$

を用いるところです。この公式は、そもそも $|s| < 1$ の範囲内においてのみ成立するのに、オイラーはその両辺を二乗した式にその範囲外の数である $s = 1$ を代入している。今の学生が解析学の試験でそんな答案を書いたら、間違いなく零点ですね。

リーマン　ははは。それは当然でしょうね。オイラーのすごいところは、そうやって無効な値を代入しているにもかかわらず、後世から見て「正しい」と思える値を得ていることです。

小山　その「正しさ」を計る物差しが、「解析接続」であるというわけですね。

リーマン　はい。その無限等比級数の公式をよく見ると、左辺

$$1 - s + s^2 - s^3 + \cdots$$

が収束する範囲は$|s|<1$に限定される一方で、右辺の

$$\frac{1}{1+s}$$

の値は、$s \neq -1$なるすべての複素数に対して存在します。

小山　その不思議を突き詰めたのが解析接続であると考えれば良いでしょうか。

リーマン　そうです。ここ数十年で、リウヴィルやコーシーによって複素関数論における「一致の定理」が確立されました。それは、

複素平面内に広い領域Eとその中の狭い領域Dがあるとき、二つの正則関数がD上で一致すれば、E上でも一致する

というものです（図7A）。

小山　ここで、正則関数とは、複素関数として「微分可能な関数」という意味ですね。私たちが普段意識している関数は全て微分可能ですから、正則関数とは、複素関数としていわば「まともな関数」のことであるとイメージして差し支えないでしょう。

リーマン　先の例で言えば、無限等比級数の和の公式

$$1-s+s^2-s^3+\cdots=\frac{1}{1+s}$$

の両辺は、狭い領域

$$D=\{s\in\mathbf{C}\mid |s|<1\}$$

で一致しているので、もし両辺が正則関数を表すなら、その領域の外でも一致するというわけです（図7B）。

小山　そこでは、級数の式

$$1-s+s^2-s^3+\cdots$$

を単にそのまま文字通りに見るのではなく、一つの関数として見ているわけですね。

リーマン　一致の定理により、その関数は右辺の $1/(1+s)$ と同一のものとなる。したがって、$s=1$ を右辺に代入すれば、左辺の「本来の値」が得られるというわけです。

小山　「本来の値」という考えは、数式を外見にとらわれず、一つの関数として把握する見方から来ています。これは、数式を人物に例えるとわかりやすいかもしれません。人間にはいろいろな側面があり、一人の人物が様々な顔を持っています。職場の上司が「統率力の無い駄目な人間」に見えても、実は彼は、家庭では良き夫であり父であり、家族の全員から信頼され、誰よりも上手く家族を統率している人なのかもしれません。

リーマン　自分に見えている上司の姿は、職場という限定された環境下での仮の姿であり、それだけから、彼が人として「統率力が無い」と一概に断ずることはできないわけですね。

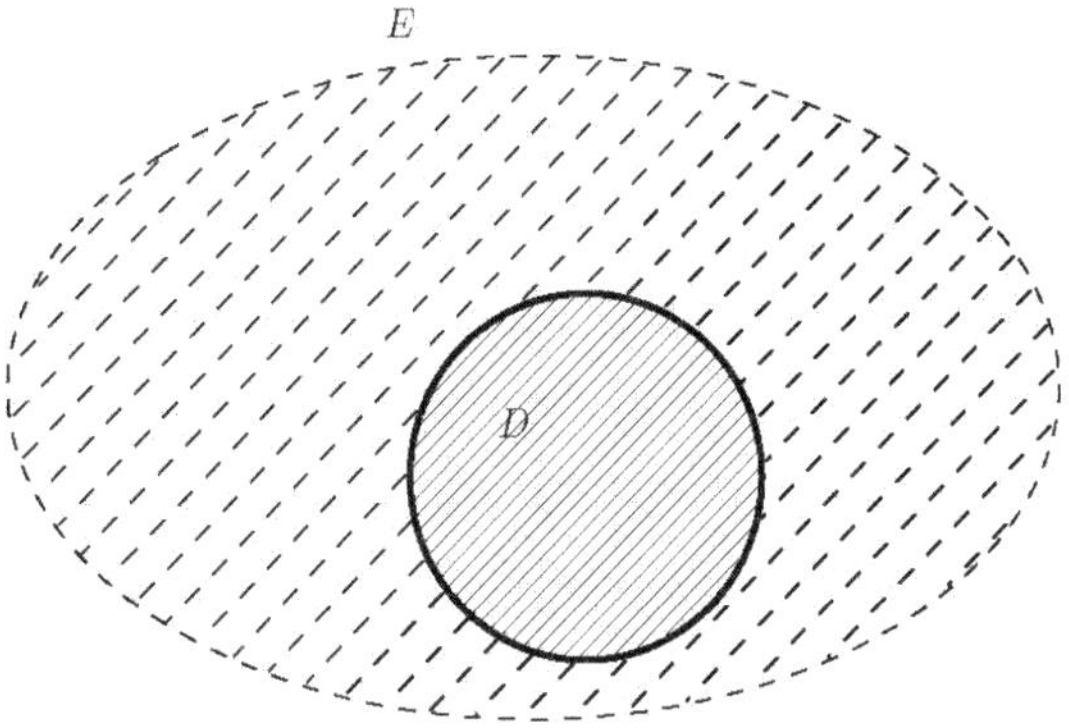

図7 A．狭い領域Dと，それを含む広い領域E

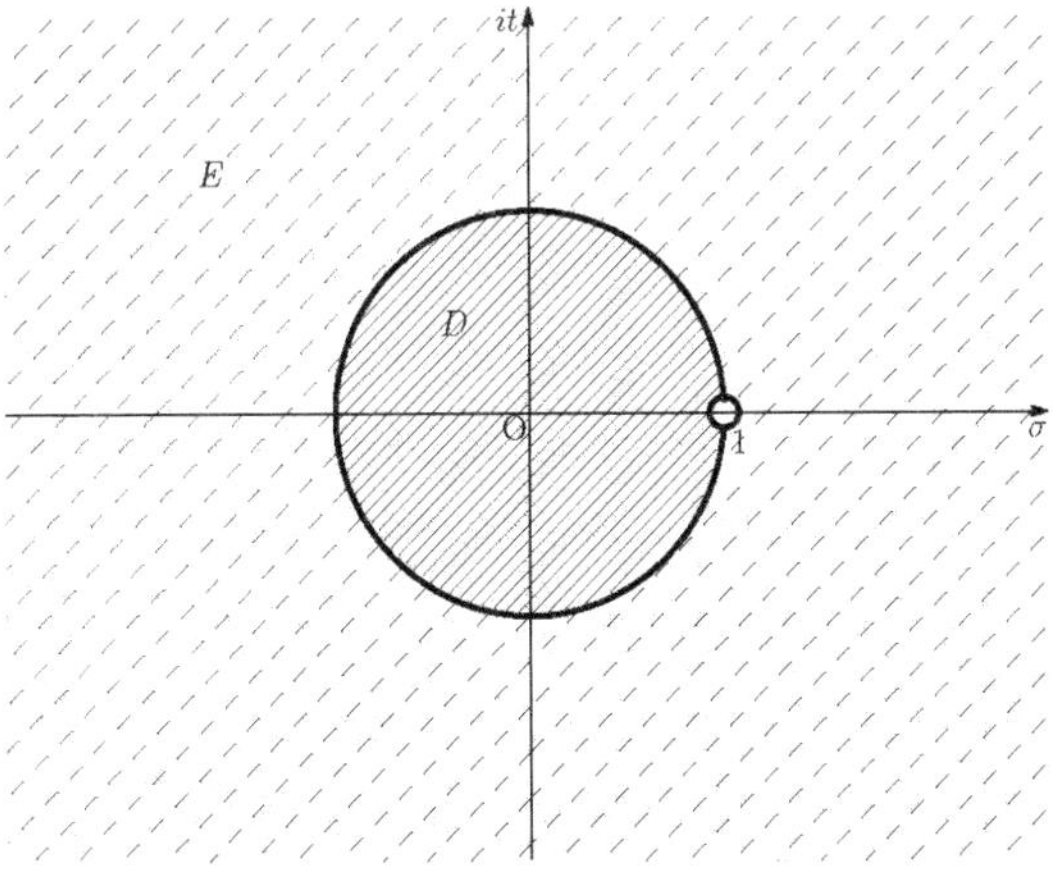

図7 B．無限等比級数の公式のDとE

小山　ちょうど、無限等比級数という姿が「収束する領域」に向けた仮の姿であり、その状態で発散したからといって、その数式の「本来の値」が無限大であるとは限らない、というのと同じです。

リーマン　無限大とは別の「本来の値」を持つことは、無限等比級数の和が $1/(1+s)$ のように簡明な形に計算され、その新しい表示を持つことからわかるのですね。

小山　そこがポイントです。この無限等比級数は、一般項 s^n $(n=0,1,2,3,\ldots)$ の係数が

$$1,\quad -1,\quad 1,\quad -1,\quad 1,\quad -1,\quad 1,\quad -1,\quad \cdots$$

のように、1とマイナス1が交互に現れる、きわめて特殊な規則性を持っており、そのせいで特別な資格が与えられ、その恩恵として別の表示を持ったとみなされます。

リーマン　一般のランダムな係数に対して、いつでも級数の和が簡明な形に計算されるわけではありませんからね。

小山　ダメな上司が単にダメな人間だったということも、実際には多々あるわけですから。

リーマン　無限大とは別の「本来の値」を持つことは、その関数が特殊な美しさを持っていることを反映しているというわけですね。値そのものより、値を持つという事実が、まずは重要だということですね。

小山　このようにして関数の定義域を拡張し、より広い領域上で定義することを「解析接続」と呼びます。ゼータ関数の解析接続は、リーマン教授の主要な業績の一つに数えられます。

第一積分表示

$$\zeta(s)=\frac{1}{\Gamma(s)}\int_1^{\infty} f_1(x)(\log x)^{s-1}\frac{dx}{x}\quad\left(f_1(x)=\frac{1}{x-1}\right).$$

第二積分表示

$$\zeta(s)=\frac{1}{\pi^{-\frac{s}{2}}\Gamma(\frac{s}{2})}\int_0^{\infty}\frac{f_2(x)-f_2(\infty)}{2}x^{\frac{s}{2}}\frac{dx}{x}$$

$$\left(f_2(x)=\sum_{m=-\infty}^{\infty}e^{-\pi m^2 x}\right).$$

図8. リーマン・ゼータ関数の積分表示

リーマン　解析接続を実際に行うには、関数を別の形で表示すれば良いのですが、私は、ゼータ関数に対してディリクレ級数ともオイラー積とも異なる、新たな表示を発見しました。

小山　それは、図8に示すものですね。

リーマン　ここで用いている記号Γは、オイラーが定義したガンマ関数です。オイラーの時代は記号Πが用いられていましたが、十八世紀の後半にルジャンドルがΓを用いてからこの記号が使われるようになり、ガンマ関数の呼称も定着してきました。

小山　記号Γは、二十一世紀でもガンマ関数を表す世界共通の記号として用いられています。

リーマン　広義積分を使ってガンマ関数は、

$$\Gamma(s) = \int_0^\infty e^{-x} x^{s-1} dx$$

と定義されます。この広義積分は s の実部が正のときに絶対収束しますので、その範囲でこの定義式は有効です。

小山　ここでいう「絶対収束」は、先ほど級数に対して定義した概念を広義積分に一般化した言葉ですね。広義積分が絶対収束するとは、被積分関数の絶対値をとってから定積分した値が収束することを意味します。

リーマン　ええ。先ほど述べた級数の場合と同様、広義積分においても、収束という現象は二通りに分類されます。一つは、打ち消し合いのおかげで起きる収束。もう一つは、被積分関数の絶対値が十分小さいため、打ち消し合いの有無にかかわらず起きる収束です。絶対収束積分は後者の収束、すなわち、十分に値が小さいために起きる収束を表します。

小山　ガンマ関数の定義式の広義積分が、s の実部が正のときに絶対収束する理由は、少し計算してみると簡単にわかりますね。積分の上端 $x \to \infty$ と下端 $x \to 0$ の両方が広義積分になっていますから、それぞれについて考える必要があります。

リーマン　まず上端は、$x \to \infty$ において指数関数 e^x が、どんな多項式よりも速く増大することから収束がわかります。任意の s に対し、$e^{-x}x^{s-1}$ は、十分小さくなるわけです。一方、下端は、$x \geqq 0$ のとき $e^{-x} \leqq 1$ ですから、$x = 0$ の近く、たとえば区間 $0 < x < 1$ において

$$\int_0^1 \left|e^{-x}x^{s-1}\right| dx \leq \int_0^1 \left|x^{s-1}\right| dx = \int_0^1 x^{\sigma-1}dx = \frac{1}{\sigma}$$

となって収束することがわかります。

小山　最後の等号が広義積分の計算であり、ここで「sの実部が正である」という仮定が効いていますね。実際、その計算は、

$$\int_0^1 x^{\sigma-1}dx = \lim_{a\to+0}\int_a^1 x^{\sigma-1}dx = \lim_{a\to+0}\left[\frac{x^\sigma}{\sigma}\right]_a^1 = \lim_{a\to+0}\frac{1-a^\sigma}{\sigma} = \frac{1}{\sigma}$$

となり、最後の部分で用いている極限値の式

$$\lim_{a\to0} a^\sigma = 0$$

が、$\sigma > 0$のときのみ成り立つからです。

リーマン　図8に戻りましょう。この図で示した二つの積分表示は、いずれも、ガンマ関数を分母にした分数部分が最初にあり、そこに広義積分が掛かった形をしています。したがって、ここからゼータの解析接続を導くためには、まずガンマ関数が解析接続されること、次に広義積分の部分が解析接続されること。この二つの事実がわかれば良いです。

小山　ガンマ関数の解析接続は、ガンマ関数の関数等式

$$\Gamma(s) = \frac{\Gamma(s+1)}{s}$$

からわかりますね。この関数等式は、部分積分によって容易に証明できます。この関数等式を使い、任意の複素数 s に対し $\Gamma(s)$ を定義できます。

リーマン　たとえば、$s=-1/2$ のときの値は、関数等式に代入して

$$\Gamma\left(-\frac{1}{2}\right)=-2\Gamma\left(\frac{1}{2}\right)$$

のように、変数を1ずらして実部が正である $s=1/2$ における値に帰着できるわけですね。

小山　蛇足ですが、$\Gamma(1/2)=\sqrt{\pi}$ である事実が知られていますので、単に値が定義されるだけでなく、実際の値も求めることができ、$\Gamma(-1/2)=-2\sqrt{\pi}$ となります。

リーマン　二十一世紀では、$\Gamma(1/2)=\sqrt{\pi}$ の計算はどのようにするのですか。

小山　極座標を使う計算が最も標準的だと思います。まず $a=x^{1/2}$ の置換によって

$$\Gamma\left(\frac{1}{2}\right)=\int_0^\infty e^{-x}x^{-\frac{1}{2}}dx=\int_0^\infty 2e^{-a^2}da=\int_{-\infty}^\infty e^{-a^2}da$$

となるので、これを二乗して平面上の点 (a,b) にわたる積分とみなし、(a,b) を (r,θ) に極座標変換して

$$\Gamma\left(\frac{1}{2}\right)^2=\int_{-\infty}^\infty\int_{-\infty}^\infty e^{-a^2-b^2}dadb=\int_0^{2\pi}\int_0^\infty e^{-r^2}rdrd\theta=2\pi\left[-\frac{e^{-r^2}}{2}\right]_0^\infty=\pi$$

と計算する方法です。

リーマン　今と変わっていないので安心しました。ともかく、これで「実部が正」の領域で定義

されていたガンマ関数を、「実部がマイナス1より大」の領域に解析接続できました。あとは、一般の実部が負であるような複素数 s に対しても、1を加える操作を繰り返して行けば、いつか必ず実部が正になりますので、関数等式を繰り返し用いることで、ガンマ関数の値が求められます。

小山　ただし、関数等式の右辺の分母が0になる場合は求められません。それは、先に挙げた無限等比級数の公式の例を再び持ち出して説明するなら、

$$1-s+s^2-s^3+\cdots=\frac{1}{1+s}$$

において、右辺が左辺の解析接続を表すと言いながら、右辺の分母が0になる $s=-1$ だけは値を定義できなかったことと同じですね。

リーマン　はい。このように、解析接続できない孤立した点を「極」と呼びます。ガンマ関数は $s=0$ という極を持つわけです。

小山　そうすると、関数等式から、$s=-1$ も極になりますね。これは、関数等式の右辺の分母が0になるからではなく、分子の $\Gamma(0)$ が、すでに極であるためです。

リーマン　その議論を繰り返すと、$s=-n$（n は任意の非負整数）も極であることがわかります。そして、ガンマ関数の極はそれらですべて尽くされること、すなわち、非負整数を除くすべての複素数にガンマ関数が解析接続されることも、証明できます。

リーマン　これで、ガンマ関数の解析接続がわかりました。余談ですが、ガンマ関数はもともと、

オイラーが「階乗」の概念を複素数に拡張した、いわば「複素数の階乗」とも呼べる関数ですね。実際、sが自然数のときには、

$$\Gamma(s) = (s-1)!$$

が成り立ちます。

小山　たとえば「4の階乗」は$\Gamma(5)$というように、変数が一つずれた形になるので、その点は注意が必要です。これを自然な形で拡張し「複素数の階乗」の概念を構成したものがガンマ関数であると解釈できますね。

リーマン　たとえば、先ほど紹介して頂いた$\Gamma(1/2) = \sqrt{\pi}$と$\Gamma(-1/2) = -2\sqrt{\pi}$から、「マイナス二分の一の階乗」が$\sqrt{\pi}$であり、「マイナス二分の三の階乗」が$-2\sqrt{\pi}$であると言えます。

小山　以上を踏まえて、図8に掲げたリーマン教授の積分表示を改めて味わってみたいと思います。第一積分表示、第二積分表示の二種類があり、どちらもガンマ関数の逆数に、ある無限区間上の広義積分を掛けた形をしています。

リーマン　そのうち、ガンマ関数の部分は解析接続されることをすでに見ましたから、あとは、広義積分の部分が解析接続されることを確認すれば、ゼータの解析接続が得られます。

小山　広義積分には上端と下端がありますが、そのうち上端の$x \to \infty$については収束が比較的容易に見てとれます。

リーマン　それについては、第二積分表示から考えるのがわかりやすいかもしれませんね。

小山　はい。第二積分表示では、関数 $f_2(x)$ の各項 $e^{-\pi m^2 x}$ が $x \to \infty$ において指数関数的に減少しますので、どんな多項式オーダーの x^s 型の関数を掛けても、被積分関数は $x \to \infty$ で十分小さくなります。

リーマン　したがって、$x \to \infty$ における広義積分の収束は問題ないわけですね。実は、第一積分表示でも全く同じ原理が適用できます。ただし、図8の書き方では、関数

$$f_1(x) = \frac{1}{x-1}$$

が、このままの形では指数関数ではありません。図8の第一積分表示は、分母が $\log x$ の関数として表されていますので、$t = \log x$ と置き換えて、被積分関数を t の関数として見れば、

$$f_1(x) = \frac{1}{e^t - 1}$$

となり、$t \to \infty$ で指数関数的に減少することがわかります。こうして、第一積分表示も第二積分表示と類似の挙動になりますので、上端に関して広義積分の収束が示されます。

小山　次に、下端についてですが、これは上端に比べると少し難しいですね。

リーマン　はい。一つ一つ見て行きましょう。まず第一積分表示ですが、先ほどお話したように $t = \log x$ に変数変換して書き換えると、積分区間が $0 < t < \infty$ となりますが、このうち下端変数の近くが問題ですので、$0 < t < 1$ 上での積分

$$\int_0^1 \frac{1}{e^t-1}t^{s-1}dt$$

を考えれば良いです。ここで、分母 e^t-1 が 0 に近づく程度が問題ですので、テイラー展開

$$e^t-1=t+\frac{t^2}{2}+\frac{t^3}{3!}+\cdots$$

を用います。まず、最も大雑把な近似をすれば、$t\to 0$ においてこの分母は、テイラー展開の初項を取り出して「ほぼ t」であると言えます。仮に「ぴったり t」だったとすると、この積分は、s の実部が 1 より大きな範囲で

$$\int_0^1 t^{s-2}dt=\frac{1}{s-1}$$

となります。ここで得た $1/(s-1)$ という式を後で使いますので、覚えておくと良いでしょう。これは実は、ゼータ関数の極を表しているのです。

小山　この計算は「仮にぴったりだったとして」という仮定の下で行ったものですが、実際には、ぴったりではないですから、ずれを正確に計算する必要があります。そのずれは、差の積分

$$\int_0^1 \left(\frac{1}{e^t-1}-\frac{1}{t}\right)t^{s-1}dt$$

で表せますね。

$$\lim_{t\to0}\left(\frac{1}{e^t-1}-\frac{1}{t}\right)=-\frac{1}{2}$$

であることから、差の積分のカッコ内が有界ですので、あたかも定数であるかのようにみなして構わないでしょう。すると、今問題としている差の積分の収束性は、広義積分

$$\int_0^1 t^{s-1}dt=\left[\frac{t^s}{s}\right]_0^1=\frac{1}{s}\left(1-\lim_{t\to0}t^s\right)=\frac{1}{s}$$

の収束性と同じと考えられます。最後の極限値計算の等号が成り立つのは、sの実部が正のときですので、その領域が広義積分の絶対収束域となります。ここで、先ほどよりも収束範囲が1だけ広くなっていることがポイントですね。

リーマン　はい。今問題としている広義積分は、先ほど覚えた$1/(s-1)$と、今得た$1/s$の二つの部分からなります。以上の議論により、この広義積分が、これら二つの部分の和として、「sの実部が正の領域」に解析接続がなされたことがわかります。もともと、絶対収束域は「sの実部が1より大きな領域」でしたから、絶対収束域よりも左に1だけ広い範囲まで解析接続がなされたことになります。

小山　これで解析接続ができたと言える理由は、まず$1/(s-1)$の方は、「sの実部が1より大きい領域」で得たわけですが、結論の式$1/(s-1)$が、この形で$s\neq1$なる任意の複素数に解析接続されています。一方、$1/s$の方は、計算過程で有界部分を定数とみなす操作をしているため、完全な等式としてこの式を得たわけではなく、この式の形によって解析接続を得

ることはできません。しかしこれは、左に1だけ広い領域である「sの実部が正の範囲」で得た結論であり、少なくともその領域で、有限の値に収束することは証明できています。したがって、以上を合わせると、sの実部が正の範囲で広義積分が収束することの証明がなされており、解析接続が得られたと言えるわけですね。

リーマン　そして、このアイディアを精密化し、近似の精度をより良くしていくことで、ゼータの解析接続をより広い範囲で行うことができます。

小山　具体的には、分数関数のローラン展開

$$\frac{1}{e^t-1}=\frac{1}{t}-\frac{1}{2}+\frac{1}{12}t+\cdots+\frac{B_n}{n!}t^{n-1}+\cdots$$

を使うわけですね。

リーマン　はい。この展開式は、

$$\frac{1}{e^t-1}-\frac{1}{t}$$

のマクローリン展開を計算すれば容易に求められ、係数B_nも決定できます。ちなみにB_nにはベルヌーイ数と言う名前がついています。

小山　その命名は、ヤコブ・ベルヌーイが一七一三年の著作『推測法』の中で初めてベルヌーイ数について記述していることからなされたのですが、実は、日本人数学者の関孝和が、それより少し前にベルヌーイ数を発見していたことが、後の研究でわかりました。

リーマン　その時代にヨーロッパと日本で数学的な情報交換があったとは思えませんから、関の研究はベルヌーイとは独立になされたわけですね。

小山　はい。関は、ベルヌーイの著作が発表される五年前の一七〇八年に亡くなっていますので、ベルヌーイとは独立に、かつベルヌーイよりも早く、この発見に至ったことになります。二十一世紀では、「関・ベルヌーイ数」と呼ぶ人もいます。

リーマン　本来でしたら「関数」（せきすう）と呼ぶべきなのでしょうね。

小山　残念ながら、それでは日本語で関数（かんすう）と同じ表記になってしまいますので、日本で大混乱が起きてしまいます。そのような命名をしようという動きはありません。

リーマン　解析接続に話を戻しましょう。先ほど、「左辺が展開式の初項にほぼ等しい」とみなして誤差を第二項以降の和として計算しましたが、初項だけでなく第二項以降も、より多くの項を取り入れればより精密になります。実際、初項から t^{n-1} の項までの和を左辺に移項し、t^n 以降の和を誤差とみなして計算すると、「s の実部が $-n$ よりも大きい領域」までゼータの解析接続が得られます。

小山　先ほどの説明は、$n=0$ の場合に相当しますね。

リーマン　はい。そして、$n\to\infty$ とすれば、結局、極を除く任意の複素数に対して解析接続が得られることになります。以上が、第一積分表示を用いたゼータの解析接続の証明です。

小山　第二積分表示を用いても、やはり解析接続の証明はできますか。

リーマン　はい。やはり、$x \to 0$ における挙動を詳しく調べて解析接続を行なうことが可能ですが、第二積分表示からは、それとはまた別の優れた結果を得ることができます。

小山　ゼータの対称型関数等式ですね。この「対称型」というところが、リーマン教授のオリジナルですね。

リーマン　はい。ゼータの関数等式までは、前世紀にオイラーが見出していました。もちろん、当時は複素関数論がありませんでしたから、解析接続もされておらず、関数等式の正確な意味づけはできなかったわけですが、それでも、オイラーは $\zeta(n)$ と $\zeta(1-n)$ との間に成り立つ関係を見出し、「日月の双対性」と呼んでいます。

小山　「日」とは見える部分、すなわち、自然数の正べき乗のことであり、「月」はその逆、すなわち、負べき乗のことですね。

リーマン　はい。ゼータで言えば、自然数 n に対し $\zeta(1-n)$ が「日」であり、$\zeta(n)$ が「月」となります。

小山　オイラーが得た関数等式は、今の記号で書けば

$$\zeta(1-n) = \frac{2\Gamma(n)\cos\frac{\pi n}{2}}{(2\pi)^n}\zeta(n)$$

というものでした。ただし、ゼータの極である $n=1$ においては、値を直接代入せずに極限値をとります。

リーマン　これに対し、私が発見した対称型関数等式は、以下の形となります。

$$\zeta(1-s)=\frac{\pi^{-\frac{s}{2}}\Gamma(\frac{s}{2})}{\pi^{-\frac{1-s}{2}}\Gamma(\frac{1-s}{2})}\zeta(s).$$

小山　分母を払うと、

$$\pi^{-\frac{1-s}{2}}\Gamma\left(\frac{1-s}{2}\right)\zeta(1-s)=\pi^{-\frac{s}{2}}\Gamma\left(\frac{s}{2}\right)\zeta(s)$$

となりますね。これは、

$$\widehat{\zeta}(s)=\pi^{-\frac{s}{2}}\Gamma\left(\frac{s}{2}\right)\zeta(s)$$

と置けば、

$$\widehat{\zeta}(1-s)=\widehat{\zeta}(s)$$

と、この上なく簡明な形になります。この関数 $\widehat{\zeta}(s)$ を**完備リーマン・ゼータ関数**と呼びます。

リーマン　関数 $\widehat{\zeta}(s)$ が、$s\longleftrightarrow 1-s$ の変換で不変。すなわち、対称型になっているというわけです。

小山　リーマン教授の発見は、オイラーの関数等式に現れていた謎の部分 $\frac{2\Gamma(s)\cos\frac{\pi s}{2}}{(2\pi)^s}$

を、$s \longleftrightarrow 1-s$ の変換でちょうど分母と分子が入れ替わるようなうまい分数の形に変形したものです。こうした変形は、いったん発見してしまえば証明は簡単であり、ガンマ関数の二倍公式を使えば初等的にできます。しかし、対称型関数等式というアイディアが全くない時点で、具体的な式の形を発見するのは至難の業です。凡人にはこんな関数等式が存在することすら想像もつかないわけですから、まさに天才的な業績だと思います。

リーマン　ありがとうございます。

小山　二十世紀には、リーマン教授が発見した対称型関数等式に現れる因子

$$\pi^{-\frac{s}{2}}\Gamma\left(\frac{s}{2}\right)$$

の意味づけもなされ、数学の発展に大きく寄与しました。

リーマン　それは興味深い。いったいどのような意味づけがなされたのですか。

小山　リーマン教授が発見された因子は、ガンマ関数を用いて表されるので**ガンマ因子**と呼ばれています。オイラー積はすべての素数にわたる積でしたが、そこにガンマ因子を一つ掛けると、完備ゼータ関数になる。ということは、素数全体の集合にもう一つ何かを加えた集合が、数学的にあるまとまった意味を持っていると考えられるわけです。一見、素数の全体にわたる積であるかのように見えるオイラー積は、実は、そのままでは一つの因子が欠けている状態であり、完備版のオイラー積は、その一つを補った新しい集合にわたる積であると想定されるのです。

リーマン　なるほど。完備ゼータ関数を表す、いわば完備オイラー積ですね。その「新しい集合」とはどんなものですか。

小山　素数の概念を発展させた「素点」の集合です。

リーマン　ほう、素点とはどのようなものですか。

小山　一般に素点とは「体を距離空間として完備化する仕方」のことです。例を挙げて説明します。リーマン・ゼータは通常の有理数体**Q**のゼータですので、「**Q**の距離空間としての完備化」を考えます。

リーマン　普通に完備化すれば実数体**R**になりますね。

小山　はい。完備化とは、収束列の極限値をすべて含むように拡張することです。たとえば、有理数体**Q**の点からなり、$\sqrt{2}$に収束する数列

$$1,\quad 1.4\quad 1.41,\quad 1.414,\quad 1.4142, \ldots$$

を考えます。この数列のすべての項は**Q**の元であるにもかかわらず、極限値だけが**Q**から外にはみ出してしまいます。このように、極限点が集合の外部にはみ出すという現象が起きることを「完備でない」といいます。**Q**は完備でないわけです。そして、収束する任意の数列の極限値をすべて追加した、より広い集合を構成することを「完備化する」と言います。

リーマン　実数体**R**は、有理数体**Q**の完備化として構成されるわけですね。このところ、数学界では実数を定義しようという気運が高まっているように見受けられますが、「収束有理数

列の極限点」として定義するのが、やはり良いというわけですね。

小山 ただし、この議論には一つ欠陥があります。

リーマン 定義が循環する問題でしょうか。

小山 さすがリーマン教授。この時代の最先端の考えに、すでに達しておられるのですね。その通りです。「収束有理数列」の「収束」の定義が循環する問題です。

リーマン はい。どの範囲で収束することを表しているのかが、不明瞭ですよね。この問題については、先ほどお話を伺ったときから私も気づいていましたし、今の数学界全体でも、そのような問題意識はあると思います。たとえば、$\sqrt{2}$に収束する有理数列は、実数の中では収束しますが、有理数の中では収束しません。この数列を「収束列」と認識するためには、あらかじめ実数というものを知っている必要があります。

小山 実数を定義するために、実数を知っている必要があるとは、論理が不完全です。有理数だけを用いて実数を定義することが必要です。

リーマン この問題は、解決されるのでしょうか。

小山 はい。一八七二年にカントールが、それまで定義が不完全であった「収束有理数列」を「コーシーの収束判定法を満たす有理数列」に置き換えて実数を定義できることを証明し、完全に解決しました。そのような数列はのちに「コーシー列」と呼ばれるようになり、結局、実数とは「有理コーシー列の極限値」のことであると簡潔に定義され、二十一世紀に至ります。

リーマン　今から十三年後に、そこまで証明されるのですね。それは楽しみです。ところで、カントールとは誰ですか。

小山　一八四五年にロシアで生まれた天才数学者です。カントールは、今は一八五九年ですから、まだ十四歳で無名ですが、今世紀の後半に集合論の基礎を築き、数学史に残る大数学者になりました。

リーマン　昨今、実数の定義をはじめ、数学の基礎的な概念の不備が問題として意識されています。解析学を筆頭とする種々の数学において、それらが未整備であることがしばしば研究の障害となっています。そうした問題は、いずれ根本的に解決する必要があると考えられています。数学的に不備のない理論の構築は膨大な仕事になりそうですし、天才的な洞察を必要とするように思えますが、十数年後にそれが実現するとは、嬉しいです。

小山　カントールの業績のうち、もう一つ有名なものは、無限大の大きさを正しく認識し、分類したことです。自然数、整数、有理数、実数、複素数。これらはすべて無数に存在しますが、カントールは、自然数、整数、有理数の個数が同じ無限大であることを証明し、これを「可算無限」と呼びました。さらに、実数と複素数の個数の無限大が同じであることを示し、それが可算無限よりも真に大きいことを証明しました。

リーマン　なるほど。有理数と実数の間に大きな隔たりがあり、それ以外は同じというわけですね。これはある意味、衝撃的というか、素朴な直感に反する事実ですね。実際、数直線上に点をプロットした図形を見ると、外見上、自然数と整数は離散的であるのに対し、有理数はいくらでも点が詰まっている稠密な構造に見えます。

小山　有理数が稠密な構造をしていることは、二つの有理数x、yがあるとき、その平均$\frac{x+y}{2}$もまた有理数であることから容易にわかりますね。平均をとる操作を何度も繰り返していけば、いくらでも狭い範囲に無数の有理数が存在することが確認できるからです。

リーマン　数直線で図示すれば、有理数の全体集合は一本の線となりますので、実数の全体と見分けがつかない、同じ図形に見えます。にもかかわらず、それらの集合上の点の個数の無限大の大きさが異なるとは、初めて聞くと意外にも思える事実ですね。しかも、有理数の集合は、外見上全く違って見える離散的な自然数や整数の集合と同じ無限大であり、実数の集合もまた、外見上全く違う平面で表される複素数の集合と同じ無限大であるとは、驚きの結論と言って良いでしょうね。

小山　まさに、直感と裏腹の事実がことごとく成り立っているとも言えますね。

リーマン　数の世界が直感に反する構造をしていることが、十九世紀の数学の発展の障害となり、その難局を乗り越えるには天才カントールの洞察が必要だったということですね。

小山　二十一世紀の私たちが、数学を真に発展させた数学史上の偉人を挙げろと言われたら、もちろん、誰もがリーマン教授を筆頭に挙げるでしょうが、オイラーとカントールも必ず入ってくる顔ぶれです。数学史の年表にも名前が載っていますよ。

リーマン　それは光栄です。ところで、カントールが無限大の考察に成功した、その着想の鍵はどこにあったのでしょうか。

小山　一対一の対応づけにこだわったところだと思います。見た目に惑わされず、数学的に定義できる対応づけこそが、無限を数える際の本質であると。その方針を貫いた点が勝因です。

リーマン　なるほど。それは確かに見事な発想ですね。なぜなら、その着想はとても自然だからです。言われてみれば、真理を突いていることが当然である気もしてきます。

小山　はい。そのことは、まだ数の概念が未熟であった頃の古代の人の身になってみれば理解できます。丘陵地の牧場で二百頭の羊を飼っている羊飼いが、日が暮れると、犬に羊を追わせて全頭を小屋に収納する。牧場に残っている羊がいないかを確認したいが、あいにく丘陵地で起伏があって全体を見渡せないため、小屋に戻ってきた羊が二百頭いることを数える必要がある。だが、羊飼いは二百という大きな数を数えられない。

リーマン　つまり、彼が二百という数に直面した状況は、私たちが無限大に直面した状況と、似ているわけですね。

小山　そんなとき、羊飼いはどうすれば良いか。あらかじめ、羊と同数の小石と、布袋を一つ用意しておけば良いです。二百という数を数えられなくても問題ありません。朝、羊を小屋の外に出すときに、一頭出るたびに一個の小石を布袋に入れていけば、外に出た羊と同数の小石が布袋に入っていることになるからです。

リーマン　二百という数が認識できなくても、羊と小石が同数であることだけは確実ですね。

小山　そして、羊が小屋に戻ったとき、一頭が部屋に入るごとに一個ずつ小石を布袋から出せば良い。袋の小石が全部出れば、全頭が戻っているし、袋に小石が残れば、まだ外に羊がいることになる。

リーマン　こうして、大き過ぎて把握できないはずの二百という数を扱うことができるわけですね。これは、羊と小石に「一対一の対応づけ」を行なったことによります。羊と小石のどちらも余らずに対応すれば同数である。どちらかが余った場合は、余った方が個数が多いという、当たり前の事実ですが、認識できないほど大きな数を扱う手段として、有効です。

小山　カントールは、この方法で無限大を扱いました。たとえば、自然数全体の集合

$$1,\ 2,\ 3,\ \cdots$$

と、正の偶数全体の集合

$$2,\ 4,\ 6,\ \cdots$$

は、各自然数 n に偶数 $2n$ を対応させると、一対一に対応づけられます。したがって、この二つの集合は、要素の個数が同じであるという結論になります。

リーマン　確かに、その対応で、自然数の方も偶数の方も、過不足なく、全体が尽くされますね。

小山　この段階で、すでに、ある意味では直感に反した結論を得ています。すなわち、正の偶数は自然数の一部分である。完全に含まれているのだから、自然数の全体の方が正の偶数全体よりも大きいに決まっていると、最初は誰もが直感的に考えるでしょうから。

リーマン　そうですね。そうした素朴な考えは、正の偶数から自然数への対応を考えるとき、各偶数 n に自然数 n 自身を対応させた場合に、行き先の自然数のうち偶数にしか対応せず、奇数の全体が余ってしまうという意味でしょうね。

小山　羊と小石のときは、対応づけに上手か下手かの区別はありませんでした。どの羊にどの小石を対応させても、二百頭が戻っているかどうかは必ず判定できました。

リーマン　しかし、無限集合を扱う場合、対応づけに巧拙が生じるということですね。そして、要素の個数が同じ大きさの無限大であるとは、「上手く対応させれば過不足なく一対一に対応付けられる」という意味ですね。数学用語で言えば「全単射が存在する」となります。

小山　そうです。「上手く対応させれば」という発想が、有限の数を扱っていた時にはなかったので、慣れないうちは難しく感じられるかもしれませんが、この仮定はどうしても必要です。下手な対応づけに気をとらわれてはいけない。下手な対応が仮に存在しても、それは無視しなければならないということです。たとえば、自然数の全体の集合は、自分自身とは要素の個数が同じであるに決まっていますが、下手な対応として、各自然数 n に対して自然数 $n+1$ を対応させる場合を考えますと、行き先の自然数のうち2以上のものにしか対応しないため、1が余ってしまいます。しかし、だからと言って、この二つの集合の要素の個数が異なる無限大であると考える人は誰一人いないでしょう。もともと同じ集合なのですから、当然、要素の個数も同じはずです。

リーマン　下手な対応にとらわれてはいけないということは、そう考えると当たり前なのですが、直感に反する部分があると、人間は錯覚を起こしてしまいがちですね。そうした錯覚を完全に排除できたのが、天才カントールだというわけですね。

小山　自然数の全体と正の偶数の全体が同じ大きさであることがわかりました。同様にして、自然数の全体と、整数の全体が同じ大きさであることも容易にわかります。

リーマン　自然数 1, 2, 3, …に対し、順に

$$0,\quad 1,\quad -1,\quad 2,\quad -2,\quad \cdots$$

と対応させていけば良いわけですね。

小山　ええ。要するに、要素を一列に並べてすべて尽くすようにできれば、その無限集合の大きさは自然数の全体の集合と同じであるということです。このような無限大の大きさを称して**可算無限**と呼びます。可算とは「数えられる」という意味であり、ここで「数える」とは、1, 2, 3, …と順番に並べていくという意味です。

リーマン　では、たとえば、二つの自然数の組合せの全体の集合はどうなりますか。すなわち、平面上で第一象限にある格子点の全体の集合です。

小山　点 (m,n) （m, n は自然数）の全体ですね。たとえば $m=1$ なる点ばかりを最初に全部並べようとすると、それだけで可算無限になってしまいますから、全体では可算無限より大きくなってしまいそうですが、それは並べ方が下手なだけです。実は、上手く並べれば、これも可算無限になります。

リーマン　たとえば、こんなふうにでしょうか。

$(1,1),\ (1,2),\ (2,1),\ (1,3),\ (2,2),\ (3,1),\ (1,4),\ (2,3),\ (3,2),\ (4,1),\ \cdots.$

小山　さすがです。この点列は、$m+n$ が小さい方から、順に並べたものですね。$m+n=2$ の点が最初の $(1,1)$ のみ。次に $m+n=3$ なる点が二点あり、m の小さな方から並べて $(1,2)$、$(2,1)$ の二点。次に $m+n=4$ なる点が三点あり、m の小さな方から並べて $(1,3)$、$(2,2)$、$(3,1)$ の三点。

リーマン　こうすると、すべての自然数の組が尽くされますね。

小山　したがって、二つの自然数の組合せの全体からなる集合の大きさは、可算無限となります。このように二つの集合の元の組合せの全体からなる集合のことを「直積集合」と呼ぶことにしますと、可算無限個の要素からなる任意の二つの集合の直積集合は、また可算無限個の要素からなることが、同様にしてわかります。この議論を繰り返すと、二つだけでなく、一般に有限個の直積集合もまた、可算無限であるとわかります。

リーマン　これで、有理数の全体の集合が可算無限であることとの説明がつきますね。

小山　はい。有理数とは、分母と分子がともに整数であるような分数ですので、二つの整数の組合せです。ただし、分母は0以外という制約がありますし、約分によって複数の組合せが一つの有理数に集約されるため、有理数の集合は二つの整数の組合せの集合に含まれています。二つの整数の組合せが可算無限であることは先ほど見た通りです。有理数はその部分集合なので、無限大の大きさは、可算無限以下であることがわかります。もちろん、有理数は整数を含みますから、可算無限以上であることは明らかです。したがって、有理数の個数はちょうど可算無限であるという結論が得られます。ちなみに、可算無限は、最小の無限大であり、それより小さな無限大はありません。

リーマン もともと、可算無限は自然数の個数と同じ大きさの無限大ですから、いわば、有限から直接到達する無限大ですので、それが最小の無限大であることは納得できます。

小山 これで、有理数の全体が可算無限である事実が証明できました。

リーマン 良くわかりました。次は、実数ですね。有理数と実数の間に大きな隔たりがあるという話でした。サイズの異なる無限大が初めて出てくるケースですね。それはどうやってわかるのですか。

小山 これが、天才カントールを有名にした**対角線論法**という証明法です。この証明は背理法です。

リーマン ということは、仮に実数の個数が可算無限だったと仮定するわけですね。もしそうなっていたら、自然数との上手い対応づけで実数を一列に並べることができますが、そこから矛盾を導くわけですね。

小山 はい。0以上1以下の実数の個数が可算無限よりも大きければ、当然、実数全体の個数はそれ以上となりますので、0以上1以下に限定して証明すれば十分です。

リーマン 背理法の仮定を「0以上1以下の実数をすべて尽くす数列$\{s_n\}$が存在する」とする

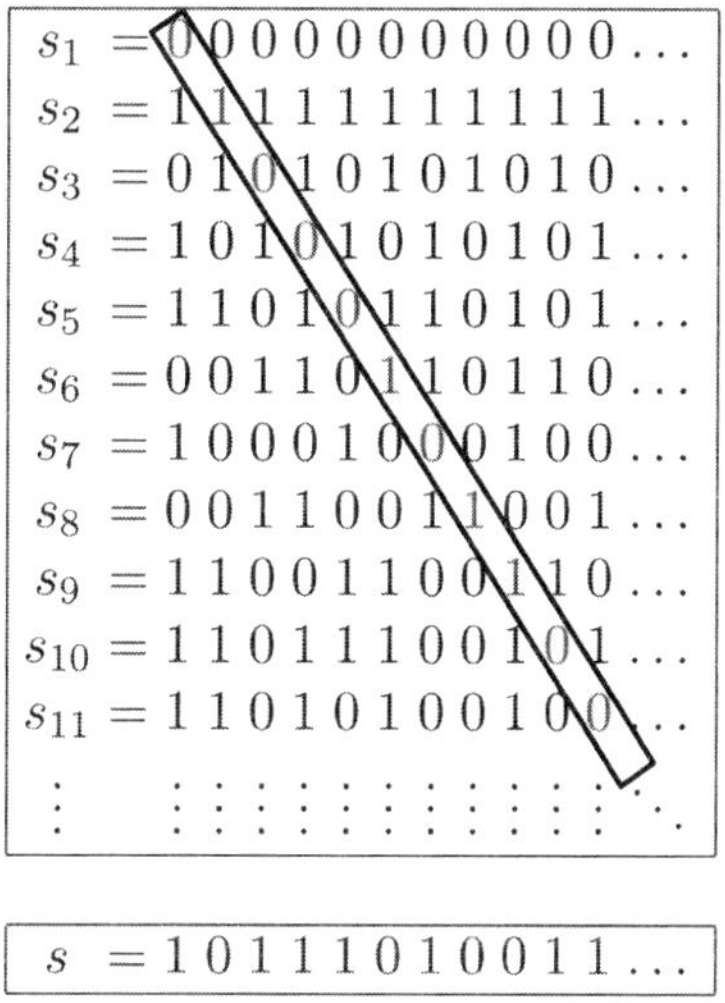

図9．カントールの対角線論法
（Wikipedia 英語版より）

わけですね。整数部分が0であり、小数部分だけからなる実数たちですね。

小山　はい。小数第一位から順に、0から9までの数字が並んでいる実数です。図9は、そのような実数列の一例を示したものです。

小山　各項は0.101…のような実数ですが、最初の0と小数点は共通なので省略し、図では101…のように小数第一位以下を示しています。

リーマン　図9は、0と1しか登場しませんね。

小山　その理由は、0と1からなる実数に制限して、それらだけからなる集合がすでに可算無限よりも大きいことを示せば、それでも目的は達成できるからです。あるいは、実数を二進法で表し、すべての桁を0または1にした表示で表したと考えても同じことです。

リーマン　いずれにしても、このような数列$\{s_n\}$が存在するとの仮定から、矛盾を導くわけですね。

小山　はい。ここで登場した「0以上1以下」や「各桁が0と1のみからなる」という仮定は、図を書きやすくするための便宜的な理由で設けたものです。以下に説明する対角線論法を理解すれば、これらの仮定が無くても全く支障なく証明ができることがわかります。

リーマン　いよいよ、対角線論法の説明ですね。いったい、どんなアイディアなのでしょうか。

小山　数列$\{s_n\}$がどのようなものであっても、そこに属すことのできない「はみ出し者」の実数が必ず存在することを証明するのです。

リーマン　仮定によって数列$\{s_n\}$は「0以上1以下」で「各桁が0と1のみ」の条件を満たすようなすべての実数を尽くすはずですが、尽くされ切れずに数列からはみ出てしまう要素sを、具体的に構成するという意味でしょうか。

小山　はい。その構成は以下のようにします。まず、s_1の小数第一位を見ます。それがもし0ならば、sの小数第一位を1と定め、0でなければsの小数第一位を0と定めます。次に、s_2の小数第二位を見ます。それがもし0ならば、sの小数第二位を1と定め、0でなければsの小数第二位を0と定めます。次に、s_3の小数第三位を見て、sの小数第三位を同じように決めます。この操作を、すべての桁に対して繰り返していき、sの小数点以下のすべての桁の数字を定めるのです。

リーマン　そうやって構成した実数sは、任意の自然数nに対し、小数第n位がs_nと異なっていますね。

小山　一桁でも異なれば、実数として異なるので、任意の自然数nに対し$s \neq s_n$が成り立ちます。

リーマン　確かに、これで矛盾が生じました。

小山　そして、仮定「0以上1以下」は不要であることがわかります。なぜなら、仮に整数部分があったとしても、そこは見ずに、各s_nの小数部分に注目して全く同様にすれば証明可能です。先ほど図9の説明のときに「0と小数点が各項に共通だから省略した」と言いましたが、実は、共通であろうとなかろうと、整数部分は無視して小数点以下だけを用いれば、新たな実数sを全く同じ方法で構成できます。

リーマン　さらに、もう一つの仮定である「各桁が0または1である」ことも、わかってしまえば必要ありませんね。要するに、sの小数第n位を、s_nと異なるように定めれば良いのですから、必ずしも0や1でなくても、異なる数字ならばどれを選んでも良いわけです。

小山　考えてみれば当然ですが、このような「はみ出し者」sは一つではなく、かなり、いや、ものすごくたくさんありますので、構成する側にはいわば余裕があり、多くの選択肢があります。

リーマン　これで、実数の全体が、有理数の全体よりも大きな無限大であることがわかりました。

小山　先ほどご指摘を頂いたように、この事実は、数直線という図形で視覚的に見たときには、肉眼では両方とも同じ数直線に見えるため意外なのですが、その反面、小数の構造という観点から実数を考察すれば、ごく当たり前の結果であり、その意味では直感に合っているとも言えます。

リーマン　そうですよね。有理数を小数展開すると、有限小数か無限循環小数になるという事実は有名ですからね。

小山　その事実は、二十一世紀では高校生でも知っている初等的な定理です。これを踏まえれば、有理数が、実数の中でいかに稀な存在であるか、実感できます。

リーマン　任意の実数を、小数展開の形で置いてみるとわかりますね。たとえば小数点以下に注目し、小数第 n 位を a_n で置きます。

$$0.a_1a_2a_3a_4\cdots \quad (\text{各 } a_n \text{ は } 0 \leq a_n \leq 9 \text{ なる自然数}).$$

この実数が有理数になるためには、あるところから先で、特定の循環節が永遠に繰り返されることが必要です。ただし、有限小数も0という長さ1の循環節を持つ無限循環小数とみなせますので、その場合も含めています。

小山　あるところから先で、全く同じパターンが永遠に繰り返される確率は、直感的にはほとんど0であると思えますね。

リーマン　確かに、そういう観点で見れば、カントールの到達した結論は、直感の通りであると言えます。ところで、対角線論法のアイディアは、人生に教訓をもたらしてくれると、私には思えます。

小山　と言いますと？

リーマン　人間はしばしば、難問に直面して途方に暮れてしまうものですが、そんな局面を乗り切る一つの有効な手段は、初心に帰ることです。最初に何も知らなかった状態から今のこの状態まで進展してきた、その経緯を顧みて参考にすることです。

小山　すでに知っている「数」の概念にとらわれることなく、人類が古代に数を認識したときの初心に立ち返って「一対一に対応づけること」を改めて実践したということですね。

リーマン　人間は万能でなく限界がある。だから、いきなり新奇の手法を編み出したりはなかなかできないものだけれど、過去に成し遂げてきた成果の意義、すなわち、今の自分自身の価値や能力を再確認した上で「自分にできることはこれだ」「これが本来の自分の姿なのだ」と認識し、謙虚に地道に、全力でそれを実行する。カントールの着想とは、そういうものであるように感じます。

小山　既成概念にとらわれないことも、教訓として挙げられますね。

リーマン　ええ。無限どうしの比較に成功したカントールの理論では、それまでに人類が獲得していた有限の数の理論を用いていません。つまり、理屈上は、二百のような大きな数を知らなかった古代の人でも、カントールの論法で無限の比較が可能であったということです。

小山　有限の数が数えられるようになったせいで、それにとらわれてしまい、逆に無限の把握が出来なくなってしまっていたのかもしれませんね。

リーマン　そう思います。これまでに成した業績の上にあぐらをかかず、謙虚に自分の本来の姿に立ち返る姿勢が、カントールの証明から感じ取れるのです。

小山　話がかなり脇道にそれました。この辺で本論に戻しましょう。

リーマン　なぜカントールの話になったのでしたっけ？

小山　リーマン教授が発見したゼータの第二積分表示から、対称型関数等式が得られるという話題でした。

リーマン　対称型関数等式に現れる因子が、後年「ガンマ因子」と呼ばれるようになり、数学的に新たな意義づけがなされた話でしたね。

小山　従来の「素数」の概念を拡張した「素点」という概念があり、素点とは、一般に「体を完備化する仕方」のことであると。

リーマン　完備化の例として最初に挙げたのが、実数全体の集合**R**でしたね。それは、有理数全体の集合**Q**の完備化でした。

小山　すなわち、実数とは、有理数からなる収束列の極限点のことであり、「すべての実数の集合」はすべての極限点を含んでいる。このように集合を広げることが、完備化でしたね。

リーマン　そこに登場する「収束列」という語を正確に定義するために、カントールの定理が必要でした。「収束列はコーシー列と同値である」という定理です。

小山　コーシー列の導入によって、実数の定義を知らなくても有理数だけを用いて「収束」という概念が定義できるようになり、実数の定義が可能になりました。

リーマン　これでようやく一つめの「素点」の例が理解できました。しかしまだ素数との関連がありません。そもそも素点とは素数を拡張した概念とのことでしたから、素数を使った別の完備化があるということですね。

小山　はい。実は、各素数 p ごとに、通常の絶対値の代わりに「p 進絶対値」を考え、そこから定義される「p 進距離」を用いて有理数全体の集合 $\mathbf{Q}$ を完備化できるのです。

リーマン　距離は、絶対値が定義されれば「二点間の差の絶対値」として定義されますからね。

小山　はい。完備化を定義するには「収束」の概念が必要ですが、収束とは「極限値との距離が限りなく0に近づくこと」です。またはコーシー列の定義「十分先の任意の二元の間の距離が限りなく0に近づくこと」と言っても良いでしょう。いずれにしても「距離」の概念が定まれば「収束」の概念も定まります。

リーマン　通常、私たちは、有理数を数直線上で考えることが多いですが、それは、最初から有理数を無意識に実数の一部分とみなしているからですね。

小山　「どの点とどの点が近いか」を考えるとき、数直線上にプロットして考えた瞬間に、そうした無意識の選択をしていることになります。「p 進」とは、そうした無意識に行っている習慣を排除し、純粋に数学的に絶対値の定義に遡って得られる概念です。

リーマン　p 進絶対値を使うと、有理数の集合 $\mathbf{Q}$ を、実数 $\mathbf{R}$ とは違った形に完備化できるのですか。

小山　はい。そのようにしてできる完備化を「p 進体」と呼び、記号 $\mathbf{Q}_p$ で表します。結局

「p 進絶対値」から「p 進距離」が定義され、それを使って「p 進収束」の概念が生まれ、有理数の集合 $\mathbf{Q}$ の新しい完備化である p 進体 $\mathbf{Q}_p$ が構成できるわけです。

リーマン　では、p 進絶対値はどのように定義されるのでしょうか。

小山　「p の何乗で割れるか」を用いて定義します。

リーマン　一つの素数 p だけに注目してサイズを測るということですか。それは面白い。

小山　人物を評価するときも、総合力で比べる場合と、一芸に秀でていることを重視する場合とがありますよね。

リーマン　数に対してもそういう考え方があるのですね。

小山　ただし、p の高いべき乗で割れれば割れるほど、絶対値が小さい、すなわち、0 に近いと定めます。

リーマン　0 自身は p のどんなに高いべき乗でも割れるので、いわば「無限大乗で割れる」とみなせることから、そう定めるのは自然ですね。

小山　整数 n が p のちょうど $\nu(n)$ 乗で割れるとき、n の p 進絶対値を、普通の絶対値の記号の右下に添え字で p を付けた記号で $|n|_p$ と表し、

$$|n|_p = p^{-\nu(n)}$$

と定義します。

リーマン　たとえば、$p = 2$ のとき、$n = 2, 3, 4, 5, 6, 7, 8$ に対して

$$\nu(2)=1,\quad \nu(3)=0,\quad \nu(4)=2,\quad \nu(5)=0,\quad \nu(6)=1,\quad \nu(7)=0,\quad \nu(8)=3$$

ですので、

$$|2|_2=\frac{1}{2},\quad |3|_2=1,\quad |4|_2=\frac{1}{4},\quad |5|_2=1,\quad |6|_2=\frac{1}{2},\quad |7|_2=1,\quad |8|_2=\frac{1}{8}$$

となりますね。

小山　次に、これを整数から有理数に拡張します。有理数 m/n の p 進絶対値を、

$$\left|\frac{m}{n}\right|_p=p^{\nu(n)-\nu(m)}$$

で定義します。

リーマン　すなわち、分母が p で割れる場合は「負のべき乗で割れる」とみなすわけですね。

小山　たとえば、$p=2$ に対し、

$$\left|\frac{1}{2}\right|_2=2,\quad \left|\frac{9}{8}\right|_2=8$$

などとなります。

リーマン　普通の絶対値とは、かなり趣が違いますね。

小山　この新しい絶対値の定義は、初めて聞くと奇異に感じられるかもしれませんが、絶対値の概念を定義に立ち返って数学的に整備すると、正当なものとして登場してきます。

リーマン　p進絶対値は、通常の絶対値といくつかの点で大きく異なりますね。第一にわかる違いは、値がpのべき乗しか取り得ないことです。

小山　通常の絶対値は連続的に変化しましたが、p進絶対値は飛び飛びの値しか取りえない、離散的な量となります。

リーマン　第二の違いは、「pで割れれば割れるほど0に近い」という性質から、たとえば、$p = 2$のとき、公比2の等比数列

$$2,\quad 4,\quad 8,\quad 16,\quad 32, \cdots$$

のように通常の絶対値ではどんどん大きくなって無限大に発散する数列が、2進絶対値では0に収束することです。

小山　そのうえ、p以外の素因子は絶対値に無関係なので、他の素数を分母や分子に自由に掛けた数列、たとえば、先ほどの公比2の等比数列の分母や分子に3、7、5などいろいろな素因数をいくつか掛けて得られる数列

$$\frac{2}{3},\quad 12,\quad 24,\quad \frac{16}{7},\quad \frac{96}{25}, \cdots$$

も、全く同じように0に収束します。

リーマン　有理数ではないが、p進体$\mathbf{Q}_p$に属している数、すなわち、p進無理数には、どんな数があるのでしょうか。実数で言うところの無理数$\sqrt{2}$やπに相当する数です。

小山　たとえば、$p=3$のとき、「二乗してマイナス2になる数」は、3進体$\mathbf{Q}_3$に属しています。

リーマン　複素数の$\sqrt{-2}$に相当する数ですね。どんな形をしているのでしょうか。

小山　二つの数があるのですが、ここでは一つの例を挙げましょう。次の数です。

$$\alpha = 1 + 1 \cdot 3 + 2 \cdot 3^2 + 0 \cdot 3^3 + 0 \cdot 3^4 + 2 \cdot 3^5 + \cdots.$$

通常の絶対値で測れば、これは明らかに無限大ですが、実は、3進では、収束します。もともと一般項3^nの3進絶対値が3^{-n}であり、nを限りなく大きくしたときに0に収束しますから、和も収束する可能性があるわけですが、実際、コーシー列であることが証明できます。

リーマン　収束した場合の極限値が有理数でないことは明らかですよね。

小山　はい。もちろん、二乗してマイナス2になるような有理数は存在しません。

リーマン　となると、αに収束する有理数列を見つけることができれば、αが3進無理数であることがわかりますね。そうすれば、実数を構成したときに無理数$\sqrt{2}$やπを有理数に付け加えて集合を広げたように、今度はαのような数を付け加えることで、新たな完備化が得られると、納得できます。

小山　実は、そのような数列は簡単に見つけられます。αの定義式のうち、最初のn項の和をa_nと置けば良いのです。

$$a_1 = 1, \quad a_2 = 1 + 3 = 4, \quad a_3 = 1 + 3 + 18 = 22, \quad \cdots$$

となります。

リーマン　この数列が実際にαに収束することは、各項とαの差の3進絶対値を計算していけば良いですね。

小山　まず、$\alpha - a_1$は第二項の3から先だけが残るから3で割り切れます。次に、$\alpha - a_2$は第三項の$3^2 = 9$から先だけが残るから9で割り切れます。そして、$\alpha - a_3$は27で割り切れます。

リーマン　一般項で表せば、各項とαの差の3進絶対値は

$$|\alpha - a_1|_3 = \frac{1}{3},\quad |\alpha - a_2|_3 = \frac{1}{9},\quad |\alpha - a_3|_3 = \frac{1}{27}$$

となり、一般に、任意の自然数nに対し

$$|\alpha - a_n|_3 = \frac{1}{3^n}$$

が成り立つので、

$$\lim_{n\to\infty} |\alpha - a_n|_3 = 0$$

すなわち

$$\lim_{n\to\infty} a_n = \alpha$$

となります。

小山　結局、このαは、有理数ではないけれども有理数列の極限値であることがわかりました。これは、ちょうど$\sqrt{2}$やπなどの無理数を、小数展開の極限値とみなしたときの状況と同じですが、αは実数ではなく新しい数です。このαのように、p進絶対値による極限値として現れる数をp**進数**と呼びます。通常の有理数もp進数の一種です。

リーマン　p進数の全体が、先ほど出てきたp進体$\mathbf{Q}_p$であるわけですか。

小山　これで、有理数全体の集合$\mathbf{Q}$の完備化として、実数全体の集合$\mathbf{R}$と、p進体$\mathbf{Q}_p$の二種類が得られました。

リーマン　このうち、$\mathbf{Q}_p$はすべての素数pに対してそれぞれありますから、無限個あるわけですね。

小山　そして、有理数全体の集合$\mathbf{Q}$の完備化は、これで尽きることが証明されています。

リーマン　なるほど。厳密にいうと、距離自体は他にも定め方があるのでしょうが、それを用いて完備化として現れる集合は、これで尽きるということですね。

小山　はい。たとえば、従来の距離を一斉に二倍した値は、別の距離となりますが、その距離を使って完備化しても、元の完備化と同じ集合しか出てきません。それらは「同値な距離」としてグループにまとめ、各グループから代表元をとったものが「素点」なのです。

小山　話がだいぶ長くなりましたが、以上で素点が説明できました。結局、素点全体の集合は、素数全体の集合に一点を付け加えた形をしているわけです。素数に対応する素点を「有限素点」または「非アルキメデス素点」と呼び、そこに一点付け加えられた素点を「無限素点」または「アルキメデス素点」と呼びます。

リーマン　古典的な絶対値はアルキメデスの時代からあり、当時から実数は意識されていましたから、そのような命名になったわけですね。

小山　リーマン教授が発見した対称型関数等式は、ゼータ関数 $\zeta(s)$ にガンマ因子と呼ばれる関数 $\pi^{-s/2}\Gamma(s/2)$ を掛けた完備ゼータ関数 $\widehat{\zeta}(s)$ が、$s \longleftrightarrow 1-s$ の変換で不変であるというものでした。式で書くと

$$\widehat{\zeta}(s) = \pi^{-\frac{s}{2}}\Gamma\left(\frac{s}{2}\right)\zeta(s) \qquad \Longrightarrow \qquad \widehat{\zeta}(s) = \widehat{\zeta}(1-s)$$

となります。

リーマン　もともと、オイラー積によってゼータ関数 $\zeta(s)$ は「素数全体にわたる積」であることが知られていましたので、私の発見した完備ゼータ関数 $\widehat{\zeta}(s)$ は、「それにもう一つ掛けたもの」となりますね。

小山　それがまさに「素点全体にわたる積」なのです。

リーマン　なるほど。完備ゼータにはそのような意味があったのですね。

小山　実際、オイラー積を形成している各素数 p に関する因子 $(1-p^{-s})^{-1}$ は、$\mathbf{Q}_p$ 上のある定積分として表されるのですが、それと類似の積分を $\mathbf{R}$ 上で計算したものが、ガンマ因子になります。

リーマン　すると、ガンマ因子は、いわば「無限素点に関するオイラー因子」と意味づけられるわけですね。

小山　まさにその通りです。素数にわたるオイラー積が元来のゼータ関数でしたが、それに無限素点を付け加えて素点にわたるオイラー積をとったものが、完備ゼータとなります。完備ゼータの方が普通のゼータよりもまとまった意味を持つ、それ自体が意義の深い概念であることは、関数等式の簡明な形を見れば明らかです。

リーマン　完備ゼータの美しい性質は、零点からも見てとれますね。

小山　はい。完備でないゼータでは「自明零点」という、いわば中途半端なものが出てきてしまいますからね。

リーマン　自明零点は、対称型関数等式を使うと解消できます。対称型関数等式

$$\pi^{-\frac{1-s}{2}}\Gamma\left(\frac{1-s}{2}\right)\zeta(1-s)=\pi^{-\frac{s}{2}}\Gamma\left(\frac{s}{2}\right)\zeta(s)$$

において、sを負の偶数とすると、$1-s$は3以上の奇数になりますから、左辺においては、ガンマ因子も$\zeta(1-s)$の項も、どちらも絶対収束域内の値であり、その結果、左辺は0でない有限の値となることがわかります。一方、先ほど確認したように、ガンマ関数は0と負の整数に極を持ちます。今、sが負の偶数なので$s/2$は負の整数ですから、右辺のガンマ因子$\Gamma(s/2)$の項は無限大となります。このことと、左辺が有限の値であることを合わせると、右辺のゼータの項$\zeta(s)$は0でなくてはなりません。すなわち

$$\zeta(-2n) = 0 \qquad (n = 1, 2, 3, \ldots)$$

が成り立ちます。以上より、リーマン・ゼータ関数は任意の負の偶数に零点を持つわけです。これを**自明零点**と呼びます。

小山　ガンマ因子の極のうち、残りの $s = 0$ については、左辺がリーマン・ゼータの極、右辺がガンマ因子の極となっていて「両辺とも無限大」の意味で対称型関数等式が成り立っています。これでガンマ因子の極はすべて尽きますので、ガンマ因子に起因するゼータの零点、すなわち自明零点は、これですべて尽きることになります。

リーマン　自明零点以外の零点は、$\zeta(1-s) = \zeta(s) = 0$ を満たす点となりますので、点 $s = 1/2$ を中心とした対称な二点の組として得られることがわかります。

小山　非自明零点は、s が実数の範囲にはないこともわかっていますので、虚数であり、リーマン・ゼータ関数の「虚な零点」「虚零点」「複素零点」「本質的零点」などの呼称で呼ばれます。この用語を用いて、**リーマン予想**が

「ゼータ関数のすべての虚な零点の実部は二分の一であろう」

と記述されるわけです。

リーマン　これを完備ゼータを使って言い換えると、「虚な零点」が単に「零点」となり、

「完備ゼータ関数のすべての零点の実部は二分の一であろう」

となりますね。

小山　「虚な」という修飾語がなくなった分、簡明になりました。

リーマン　自明零点はガンマ関数の極と打ち消し合うから、完備ゼータにとっては零点ではないというわけですね。

小山　そもそも、虚な零点を「本質的零点」と呼ぶことからも、自明零点は本質的ではない、中途半端な存在であるというニュアンスがにじみ出ています。

リーマン　そのことからも、完備ゼータの方が本質的であり、素数よりも素点の方が本質的な概念であることが、わかりますね。

小山　オイラーが最初に見出したときの、ゼータの関数等式は

$$\zeta(1-s)=\frac{2\Gamma(s)\cos\frac{\pi s}{2}}{(2\pi)^s}\zeta(s)$$

でしたが、このときの右辺の因子の意味は未解明でした。リーマン教授が発見した完備ゼータの関数等式

$$\hat{\zeta}(s)=\hat{\zeta}(1-s)$$

は簡明であり、かつ、両辺が数論的に意義深いものになっているのです。二十世紀以降の数論では、オイラー積と言えばガンマ因子をも含めた完備ゼータのオイラー積も含めて考えるのが普通になっています。その先鞭をつけたのが、リーマン教授の第二積分表示だったというわけです。

第三章　リーマン予想と量子化

小山　リーマン予想は「虚な零点の実部」に関する予想ですが、それが二分の一であるかどうかという議論の前段階として、まず、少なくとも0と1の間に限られることは、確実ですね（図10）。

リーマン　そのことは、オイラー積と関数等式の二本立てで証明できます。まず、1の右側でゼータが零点を持たないことは、オイラー積の収束からわかります。

小山　収束の証明が、無限積が一定の値に限りなく近づくことを直接示すのではなく、無限積の対数をとった無限級数の収束を示しているからですね。対数が有限なら元の数も有限ですから、収束を示すためには対数の収束を示せば十分です。そして、対数が収束すれば、元の数が単に「収束する」だけでなく「0以外の値に収束する」ことまで示されます。

リーマン　なぜなら、元の数が0なら、対数はマイナス無限大になるからですね。無限積の収束

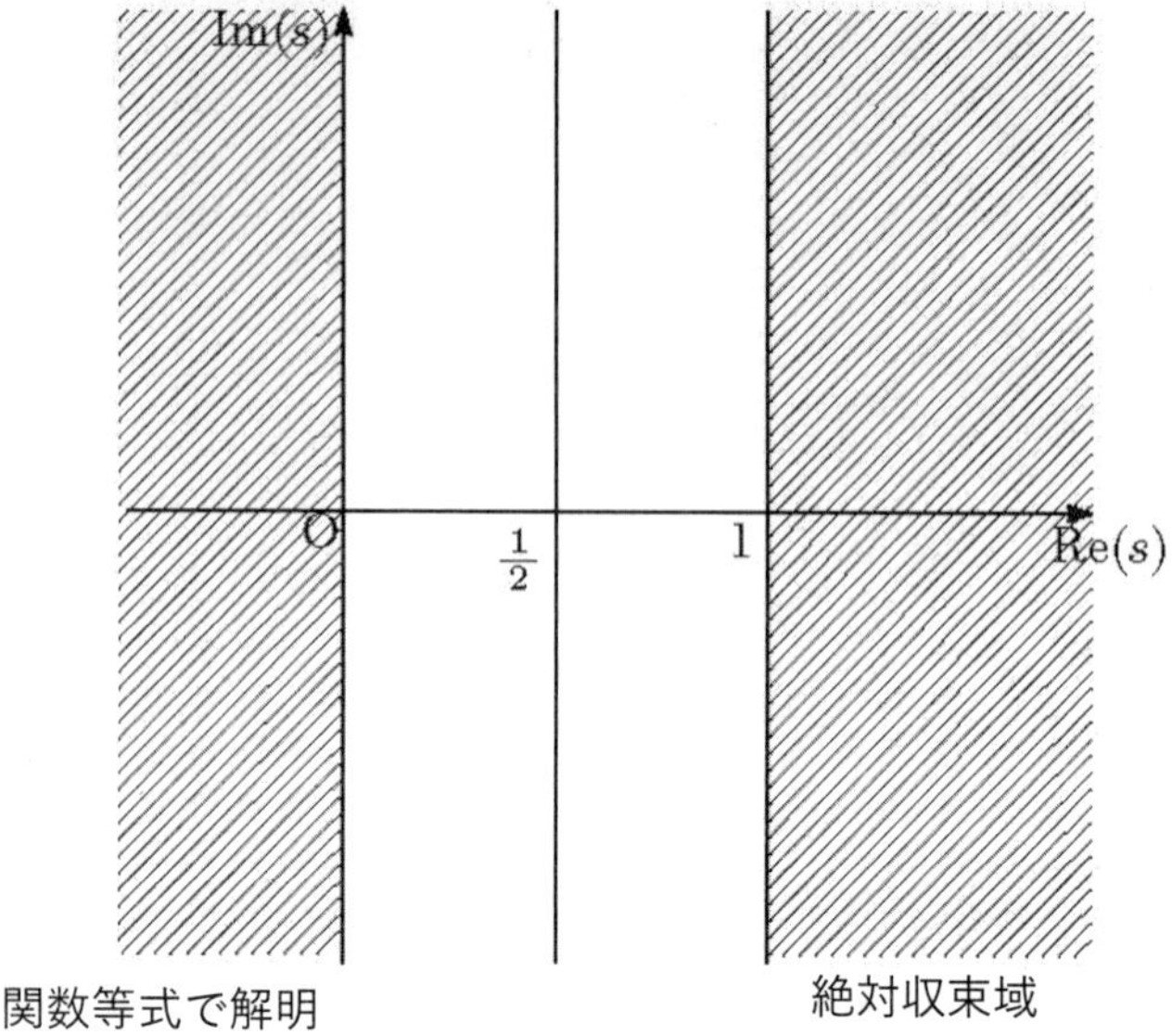

図10. ゼータの非零領域

の証明に必要な「対数の収束」を示すことにより、無限積が「収束する」ことに加えて「0でない」ことも自動的に証明しているというわけですね。

小山 無限積は対数をとることにより無限級数となりますので、無限積の収束性を考察する際は、その対数である無限級数に帰着させて考えることが多いです。そのため、近年の複素関数論では、無限積の収束の定義に「極限値が0でないこと」を含めるのが普通です。

リーマン 0に限りなく近づく無限積は、発散とみなすのですね。

小山　はい。積は和と異なり、どれか一項でも0ならば積の結果も0になりますから、極限値として0を含めてしまうと、滅茶苦茶な挙動をする数列の無限積も0に収束するという事態が生じてしまいます。その意味でも、極限値から0を除外する習慣が出来たようです。

リーマン　しかし、滅茶苦茶でなく、本当の意味で0に収束する無限積もあるのではないですか。

小山　さすがはリーマン教授、実はそのことが、二十一世紀になって最先端の数論で意識されてきた「深リーマン予想」につながるのです。複素関数論における無限積の収束の定義を見直すべきなのかもしれません。それについては、後段で詳しく議論したいと思います。

リーマン　一点、ここで注意しておきたいことは、もしオイラー積の力を借りないとすると、ゼータ関数のディリクレ級数表示

$$\zeta(s)=1+\frac{1}{2^s}+\frac{1}{3^s}+\frac{1}{4^s}+\frac{1}{5^s}+\cdots$$

を用いるだけでは、絶対収束域の中でさえ、ゼータの非零性を容易には示せないことです。

小山　そうですね。この表示では、各項 $\frac{1}{n^s}$（nは自然数）は、nの増大に伴って原点の回りを放射線状に取り巻くように分布しますので、それらの和には相当な打ち消し合いが生ずる可能性があります。結果として、sが虚数のときの $\zeta(s)$ の値は、0に近くなる可能性が出てきてしまいます。その結果が実際に0にならないことを示すのは、相当難しいでしょうね。

リーマン　以下のように少し特別な工夫をすれば、たとえば実部が2より大きい範囲に限定して、ディリクレ級数表示のみからゼータが0でないことが示せます。それは、初項の1を除いた

級数

$$\zeta(s)-1=\frac{1}{2^s}+\frac{1}{3^s}+\frac{1}{4^s}+\frac{1}{5^s}+\cdots$$

の大きさを考えたとき、右辺は、$t=\mathrm{Im}(s)$が0のとき、すなわち、$s=\sigma$のときに打ち消し合いが起きずに最も大きくなるので、

$$|\zeta(s)-1|\leq\zeta(\sigma)-1$$

が成り立ちます。ところが、実変数σの関数$\zeta(\sigma)$は単調減少ですから、$\sigma>2$ならば

$$\zeta(\sigma)-1<\zeta(2)-1=\frac{\pi^2}{6}-1<1$$

となり、結局、

$$|\zeta(s)-1|<1$$

が成り立ちます。これは、$\zeta(s)$が、複素平面内で、半径が1より小さいような、1を中心とする円内にあることを意味していますので、$\zeta(s)\neq 0$となります。

小山　この証明は、$\zeta(2)-1$が1より小さい事実を用いていますが、この不等式にはある程度余裕がありますので、もう少し範囲を広げて2より少し小さなσに対して同じ方法で証明できますね。$\zeta(\sigma)-1$が1より小さければ同様の証明が可能ですから、$\zeta(\sigma)=2$なる点σ

まで範囲を広げることができます。そのようなσは、0と1の間にただ一点存在します。しかし、その範囲を絶対収束域の全体$\sigma>1$まで広げることは、この方法ではできませんね。

リーマン　ゼータの非零性の研究においては、ディリクレ級数よりもオイラー積が重要であるということです。

小山　このことは、後に「深リーマン予想」のところで再度議論したいと思います。

リーマン　これで、1より右側でゼータが零点を持たないことがわかりました。次は、0より左側です。これは関数等式からわかりますね。

小山　リーマン教授の対称型関数等式が最も有効です。

リーマン　ゼータの「虚な零点」が、完備ゼータでは単に「零点」で済みますから、対称型関数等式の両辺が単に「0でない」ことを確認するだけで良いわけですね。自明零点の面倒な考察が要らないから、楽です。

小山　以上の考察により、虚な零点の実部は0と1の間にあることがわかりました。この時点では、まだ、境界線である0と1の縦線は含まれています。

リーマン　これで、私が予想に至ったときの舞台が整いました。実部が0と1の間の領域（図10の白い部分）に絞り、ゼータの零点の位置を考えてみたわけです。

小山　その領域は「臨界領域」と呼ばれ、二十世紀以降、ゼータ関数の研究目標に据えられています。

リーマン　臨界領域でのゼータの値の計算には、これまで紹介した第一、第二の積分表示では不十分です。計算にはゼータの新たな表示が必要でした。それは論文には記載しませんでしたが、私の手稿には計算があります。

小山　いわゆる「第三積分表示」ですね。ゼータ関数の定義式のディリクレ級数は、臨界領域で発散しますが、その無限級数を最初の有限項で打ち切った有限和で置き換えると、臨界領域内であっても、元のゼータの値とある程度の関係がつくという、画期的な定理です。この定理を用いると、臨界領域内で $\zeta(\sigma+it)$ の絶対値が、だいたい

$$\sum_{n\le\sqrt{\frac{t}{2\pi}}}\frac{1}{n^{\sigma+it}}$$

という有限和の値に等しいことがわかります。有限の範囲に和を限定する際に、範囲の端点に「t の平方根」を用いた t の関数 $\sqrt{\frac{t}{2\pi}}$ を持ってきたところがポイントです。この公式を使って、$\zeta(\sigma+it)=0$ となる点を手計算である程度求められます。

リーマン　私が論文に書かなかった内容なのに、よくご存知ですね。

小山　実は、その計算は、一九三〇年代にリーマン教授の遺稿を、ジーゲルという大数学者が解読し、論文として出版し、リーマン教授のアイディアが広く知られるようになりました。それ以来、第三積分表示は「リーマン・ジーゲル公式」と呼ばれています。

リーマン　私はこの方法を使い、ゼータ関数の臨界領域内にある零点を、虚部が小さい方から順に計算し、

$$\frac{1}{2}+(14.1347\cdots)i,\quad \frac{1}{2}+(21.0220\cdots)i,\quad \frac{1}{2}+(25.0108\cdots)i$$

という三個の零点を得ました。そして、これら三個のどれもが、実部が二分の一であることに気づきました。これが予想のきっかけになりました。

小山　リーマン教授は、ゼータ関数の虚な零点が無数に存在することを初めて証明した人でもあります。無数のうちの三個なので、データの割合としては0に等しいわけですが、それでもこの予想を提起したのには、何か根拠があったのでしょうか。

リーマン　確かに、データの量は十分ではありませんでした。しかし、最初に発見した三個の実部が、すべて二分の一であったことは、とても偶然とは思えませんでした。この単純な直感が、予想が正しいと信じた最初の理由です。第二の理由は、この「実部イコール二分の一」の線が、ちょうど関数等式の中心線であったことです。

小山　その線は重要なので、臨界線と呼ばれます。ゼータ関数は、臨界線を中心に美しい対称形をしているわけですね。

リーマン　はい。臨界線は他の直線にはない特有の意味を持つわけです。零点が線上に集約していることに、ある種の美しさ、数学的な価値の高みを感じました。そして、第三の理由として、素数分布との関係が挙げられます。

小山　リーマン教授が発見した素数公式ですね。

リーマン　図1に戻りますが、私は、素数の個数 $\pi(x)$ がゼータ関数の零点 ρ を用いて表されることを発見しました。図1の素数公式で、右辺の各項を対数積分関数 $\mathrm{Li}(x)$ の中身で見てみますと、各零点 ρ の寄与は $x^{\frac{\rho}{m}}$ $(m = 1, 2, 3, \ldots)$ です。このうち主要項は $m = 1$ のときで x^{ρ} となり、そのオーダーは、ρ の実部 β を用いて x^{β} となります。

小山 ここで「零点の実部」が登場したわけですね。

リーマン ゼータ関数の関数等式より、実部が β であるような零点 ρ が存在すれば、$1 - \rho$ もまた零点であり、その実部は $1 - \beta$ となります。臨界領域 $0 \leqq \beta \leqq 1$ において、それらの項のオーダーは、x^{β} と $x^{1-\beta}$ です。この指数 β と $1 - \beta$ は、一方が二分の一以上であり、他方が二分の一以下です。この二項の和のオーダーが最も小さくなるのが、双方がちょうど二分の一のときであり、これがまさに、この零点 ρ が私の予想を満たしているときなのです。

小山 つまり、素数の個数の上からの評価が、最も良くなるというわけですね。

リーマン はい。そのときのオーダーは $x^{\frac{1}{2}}$ となりますので、$\pi(x)$ への寄与は $-\mathrm{Li}(x^{\frac{1}{2}})$ となります。

小山 この事実が、リーマン教授が正しいと思われる根拠になるのですか。

リーマン 考えてもみて下さい。仮に、予想が正しくなかったとしましょう。実部が二分の一でない零点、たとえば、実部が十分の九であるような零点が存在したとしましょう。そうすると、素数の個数の中に $x^{\frac{9}{10}}$ というオーダーが寄与していることになります。この指数 9/10 は、何でしょうか。他の数と何が違うのでしょう。どういう資格で素数の個数の式に登場しているのでしょうか。意味がわかりません。

小山　そうですね。素数の個数は、整数論的に特別な意義のある量であり、それを構成している項の次数や係数には、すべて何らかの数学的な意義があると考える方が自然ですね。二分の一であれば、関数等式の中心線という意味がありますが、五分の三や七分の四など、一般の数では「なぜ他の数でなくその数が登場するのか」という疑念に答えることができません。

リーマン　0と1の間で何らかの意義深い数字を探すとすれば、二分の一くらいしかないでしょう。

小山　素数に価値を置く、数論研究者の価値観からすれば、当然、そういうことになりますね。

リーマン　わかって頂けて嬉しいです。

小山　ところで、この三個の零点を求めたリーマン教授の先駆的な計算は、後年、世界的に知られるところとなりました。ゼータ関数の零点を求める計算は多くの研究者によって受け継がれ、次々に零点が求められました（表1）。

リーマン　二十世紀後半から、零点の個数が飛躍的に増えていますね。最新のデータでは十兆個ですか。そんな計算をしたとは、とても信じられません。

小山　実は、人間の手で計算したのは一九四一年のティッチマーシュが最後で、一九五三年のチューリング以降は計算機によって得られた結果です。二十世紀半ばに計算機が発明されて以降、膨大な計算が可能になりました。

リーマン　私が求めた三個の零点は、いずれも実部が二分の一でした。この表で得られている十兆個の零点も、すべて実部が二分の一なのですか。

求めた零点の個数	人名（年代）
3	リーマン（1859）
15	グラム（1903）
79	バックルント（1914）
138	ハッチンソン（1925）
195	ティッチマーシュ（1935）
1041	ティッチマーシュ（1941）
1104	チューリング（1953）
15000	レーマー（1956）
25000	レーマー（1956）
35337	メラー（1958）
250000	レーマン（1966）
3500000	ロッサー，ヨヘ，ショエンフェルド（1969）
40000000	ブレント（1977）
81000001	ブレント（1979）
200000001	ブレント，ヴァンドルネ テリール，ウィンター（1982）
300000001	ヴァンドルネ，テリール（1983）
1500000001	ヴァンドルネ，テリール，ウィンター（1986）
10000000000	ヴァンドルネ（2001）
900000000000	ウェデニウスキー（2004）
10000000000000	ゴードン，デミシェル（2004）

表1. リーマン・ゼータ関数の零点計算の歴史
（虚部が正の零点を，虚部が小さい順に求めた個数）

小山　はい。この表は、虚部が小さい方からすべての零点を挙げていったときに求めた零点の個数を表しており、ここに登場している零点はすべて実部が二分の一であることが確認されています。したがって、虚部がそれ以下の範囲では、リーマン予想の反例は存在せず、リーマン予想は成立しています。

リーマン　そうですか。計算の方法はどのようにしたのですか。後世の人々は、新奇の方法を発見したのでしょうか。

小山　残念ながら、二十一世紀でも、リーマン・ジーゲル公式に勝る方法は知られていません。本質的にはリーマン教授と同じ方法を用いています。二十世紀の初頭にハーディやリトルウッドらによって臨界領域のゼータの振舞いに関する多くの業績が上げられましたが、ジーゲルによる一九三〇年代の分析によって、彼らの研究の多くは、すでにリーマン教授が行っていた計算に含まれていたことも判明しました。

リーマン　そうですか。それは光栄なことでもありますが、進展が少ないという意味では残念でもありますね。私が手稿を出版しなかったことが、進展を遅らせた原因の一つかもしれません。ただ、私自身は、第三積分表示だけでは論文として出す価値がないと思っていました。それはいわば数値計算の手段に過ぎませんから。予想の証明、いや、少なくとも、理論的に何らかの事実が証明できてこそ、初めて論文として出版したいと考えていましたので、計算の過程は手稿にとどめたのです。しかし、たかが計算とはいえ、こうしてあまりにも膨大な成果を目の当たりにすると、迫力を感じるものですね。

小山　いくら計算機といっても、「零点を求めよ」というコマンドはありません。どんな順序でどんな演算をさせるのか、数式を指定する必要があります。そこに人間の工夫が必要となり、本質的にリーマン・ジーゲル公式が役に立っているわけです。

小山　先ほどから何度も登場しているオイラーがゼータ関数論に与えた影響は莫大であり、バーゼル問題の解決やオイラー積の発見だけでなく、実は、第一積分表示や関数等式も、実質的にオイラーが得ていたとみなせます。しかし、そのオイラーが、全く考察しなかったのが、ゼータ関数の虚の零点であったと言えますね。

リーマン　そうです。あの時代にそこまでするのは不可能だったと思います。そこで、私がこの十九世紀に最新の複素関数論を使い、ゼータ関数の複素関数としての性質を研究した。これは私のオリジナルです。

小山　なるほど。ゼータ関数には、オイラーの時代からもともとあった「ディリクレ級数」と「オイラー積」という二つの表示

$\zeta(s)=$（自然数の全体にわたる和）

$\zeta(s)=$（素数の全体にわたる積）

があるわけですが、リーマン教授の着眼は、複素関数論を用いた第三の表示

$\zeta(s)=$（零点の全体にわたる積）

ですね。

リーマン　その通りです。この第三の表示は、いわゆる因数分解と同じものですが、すべての零点を求める必要がありますので、当然、複素数まで考慮しなくては完全な形は得られません。

小山　この第三の表示と、第二の表示であるオイラー積を合わせることで、

（素数の全体にわたる積）＝（零点の全体にわたる積）

と二種の積表示が等号で結ばれたわけですね。

リーマン　そして、この等式の両辺の対数をとれば、

（素数の全体にわたる和）＝（零点の全体にわたる和）

となります。

小山　これが、後に言う「明示公式」の原型ですね。明示公式は、リーマン教授の素数公式や、その数十年後に証明される素数定理、さらに、リーマン教授のもう一つの大発見である「リーマン・ゼータ関数の零点の個数の公式」など、素数に関するすべての定理の源ともいえる公式です。

リーマン　より厳密には、この対数をとった式の両辺を微分し、テスト関数と呼ばれる自由度の高い関数 $f(s)$ を乗じてから、零点を囲むような閉曲線 C に沿って複素平面で積分します（図11）。

小山　このからくりはわかりやすいですね。ゼータ関数がいわば因数分解のように、零点にわたる積として表されているとき、図11の計算が示すように、その対数の導関数は各零点を極に持ちます。したがって、テスト関数 $f(s)$ を掛ければ、複素積分がコーシーの定理を用いて計算されます。その結果 $f(s)$ に零点を代入した値が留数として出て来るというわけですね。

リーマン　一方、$\zeta(s)$ のオイラー積表示によって、対数微分 $\zeta'(s)/\zeta(s)$ は素数にわたる和の形で書けますので、C 上の複素積分は各素数ごとにある定積分を計算することになります。

$\zeta(s)$ の零点を $a, b, c, \ldots$ とすると，$\zeta(s) = (s-a)(s-b)(s-c)\cdots$

$$\overset{\text{対数微分}}{\Longrightarrow} \quad \frac{\zeta'(s)}{\zeta(s)} = \frac{1}{s-a} + \frac{1}{s-b} + \frac{1}{s-c} + \cdots$$

$$\overset{f\text{ を掛けて積分}}{\Longrightarrow} \quad \frac{1}{2\pi i}\int_C \frac{\zeta'(s)}{\zeta(s)} f(s)ds = f(a) + f(b) + f(c) + \cdots.$$

右辺は「$\zeta(s)$ の零点 ρ にわたる和」であり，左辺は，オイラー積より「素数 p にわたる和」である．こうして次の形の明示公式を得る．

$$\sum_{p:\ \text{素数}} \hat{f}(p) = \sum_{\rho:\ \text{零点}} f(\rho).$$

図11．テスト関数付き明示公式

この定積分が、「fのフーリエ変換」という、積分を用いた変換式で表せて、$\hat{f}$ と記されるのです。こうして明示公式の左辺「素数 p にわたる和」が出るわけです。

小山　そして、図11の明示公式から図1の素数公式を得るには、図11の明示公式で $\hat{f}(p)$ が、

「1以上 x 以下の実数に対して値1を取り、それ以外の実数に対して値0を取るような関数」

となるように関数 $f(s)$ を選べば良いわけですね。そうすると、明示公式の左辺が「x 以下の素数の個数 $\pi(x)$」そのものになり、一方、右辺はゼータ関数の零点にわたる和ですから、図1の素数公式

となるわけですね。

リーマン　ええ。私の論文にはそういう書き方はしていませんが、実質的にはそういうことです。実際には、$\hat{f}$ から f を求めるときのフーリエ逆変換の計算が複雑であるため、最終的な素数公式は複雑な形になっています。

小山　ゼータ関数の虚の零点は非常に不規則な数値ですが、そういうもののすべてにわたって和を取った結果が「素数の個数」という整数値になるのは、不思議ですね。

リーマン　一つの整数値を、何やら意義深いであろう無限個の複素数の和に分解しているのですから、確かに、数値計算上は不思議な現象に映るかも知れません。ですが、これはゼータという一つの物体を二つの側面から観察してその結果を等式でつないだものですので、証明を理解してみれば、至極当たり前の結果であるともいえます。

小山　オイラーが得ていた「自然数にわたる和」「素数にわたる積」という二つの概念は、いわばどちらも目に見える対象でした。紙の上に描かれている「ゼータ」という物体を、右から見たり左から見たりして得た表示をつないだのがオイラー積表示であったと思います。これに対し、リーマン教授の「零点にわたる積」は、「ゼータ」という物体が実は立体的な空間に存在していることを突き止め、裏側から見ることで新たな側面を発見したことに相当するように思えます。

リーマン　複素数や複素関数論には、そういう力があるということですね

小山　はい。目に見えない現象が複素数や複素関数論によって記述されるという原理は、物理学

でも見られます。二十世紀の前半に発達した量子力学では、まさにそうなっています。

リーマン　量子力学と言うと？

小山　ニュートン力学が前提としていた「物理量は連続的な量である」という原則を敢えて破ることによって、二十世紀初頭に発見された新しい物理学です。ニュートンが解明し切れなかった「光とは何か」という問題や、二十世紀にかけて発見された原子の構成要素である様々な微小な粒子の性質も解明されました。

リーマン　「連続的であるという原則を破った」とは、物理量が離散的な飛び飛びの値を取るという意味ですね。それは、日常で我々の目に映る物理現象から受ける直感とは異なりますが、微小な世界をミクロの視点で見るときには、それが真実を記述するわけですね。

小山　そうです。量子力学では、エネルギー・レベルなどの物理量は、関数空間に作用する自己共役作用素として定義されます。そして、その物理量が取る値は、自己共役作用素のスペクトル、すなわち固有値となります。その固有値に付随する固有関数の絶対値が、粒子の存在確率を表すのです。固有関数は複素数値関数であり、複素数の絶対値を取る操作が、着想の鍵になっています。

リーマン　これはおもしろい。日常で我々の眼に映らないミクロな現象を、複素数が記述しているとは、まさに素数の分布を複素関数であるゼータ関数が記述する状況に似ていますね。

小山　はい。物理学でいう「目に見える現象」は、数学に置き換えると、ゼータ関数の定義式が収束している領域での関数の振る舞いに相当します。たとえば、オイラーが解決したバーゼ

ル問題「すべての平方数の逆数の和はいくつか」に対する解答

$$\zeta(2)=\frac{\pi^2}{6}$$

などは、その例ですね。これは、ゼータ関数の定義式に2を代入した結果を計算しているので、目に見える現象とみなせます。

リーマン ゼータ関数の収束領域の境界は、複素変数の実部が1の線ですから、その境界線の右側が「目に見える範囲」。物理学に例えるとニュートン力学に相当する部分となるのですね。

小山 リーマン教授が「ゼータ関数の解析接続」を発見されたのは、「日常では目に見えない現象」すなわち物理学でいう「ミクロの世界」に数学的に初めてメスを入れた研究であったと考えられます。

リーマン 今から数十年後に、物理学でそんな発見がなされるとは、驚きです。数たちが棲息する世界も、私たちが生きる世界と根本的な原理は共通しているのかも知れませんね。

小山 それについて、二〇一〇年刊行の拙著『素数からゼータへ、そしてカオスへ』（日本評論社）でまとめました（表2）。

リーマン 確かに見事な対応ですね。表中の素数定理とは、私の素数公式から得た $\pi(x)$ の具体的な評価式ですか。

小山 はい。リーマン教授の素数公式は、ゼータ関数の零点の情報から、x 以下の素数の個数 $\pi(x)$ の評価が得られることを意味していました。その当時は、零点の実部は1以下である

私たちの世界	数たちの世界
古典物理学（マクロ）	素数定理の主要項
量子力学（ミクロ）	素数定理の精密化
日常的世界	$\mathrm{Re}(s) > 1$，$\mathrm{Re}(s) < 0$
量子的世界	$0 < \mathrm{Re}(s) < 1$
統一理論	リーマン予想
物質	数（ゼータ関数）
素粒子	素数
波動的性質	零点のスペクトル的解釈

表２．２つの世界（『素数からゼータへ，そしてカオスへ』（日本評論社）まえがきより）

ことのみが知られていました。これはオイラー積から直ちにわかる自明な評価であり、これを素数公式を経由して $\pi(x)$ の評価に言い換えても、$\pi(x)$ に関しては自明な事実しか出てきませんでした。

リーマン　そうですね。私の素数公式は、$\pi(x)$ の問題をゼータ関数の零点の問題に帰着した研究であると位置づけられます。その意味では、実際に零点の性質が解明されて初めて $\pi(x)$ がわかると言えますね。

小山　実部が1の線上に零点が存在しないこと、すなわち、零点の実部が1未満であることが、今から三十七年後の一八九六年に、アダマールとド・ラ・ヴァレ・プーサンによって証明されました。この結果によって、

初めて $\pi(x)$ に対する漸近式

$$\pi(x) \sim \int_0^x \frac{dt}{\log t} \qquad (x \to \infty)$$

が示されました。この記号「〜」は、両辺の比が $x \to \infty$ のときに1に収束するという意味です。この漸近式を、**素数定理**と呼んでいます。

リーマン　ガウスが予想した通りの結論が、ついに証明されるわけですね。

小山　図1で用いた対数積分関数の記号 $\mathrm{Li}(x)$ を用いると、素数定理は

$$\pi(x) \sim \mathrm{Li}(x) \qquad (x \to \infty)$$

と表されます。対数積分関数 $\mathrm{Li}(x)$ は、部分積分によって

$$\mathrm{Li}(x) = \frac{x}{\log x} + \frac{1!x}{(\log x)^2} + \frac{2!x}{(\log x)^3} + \cdots + \frac{(m-1)!x}{(\log x)^m} + \cdots$$

となりますから、素数定理を

$$\pi(x) \sim \frac{x}{\log x} \qquad (x \to \infty)$$

と表すこともできます。

リーマン　そうですね。記号「〜」は、両辺の比が1に収束するという意味ですから、両辺の主要項、すなわち、最も大きな項どうしが等しいことを表す記号であり、それより小さな誤差

項は無視しているわけですね。

小山　たとえば、多項式なら

$$2x^3-5x^2-3x+7 \quad \sim \quad 2x^3+4x^2-5x-8 \quad (x\to\infty)$$

のように、最高次の項のみが等しく、それ以外の項が異なっていても「〜」で結ばれます。そういう意味で、二つの関数

$$\mathrm{Li}(x)=\int_0^x \frac{dt}{\log t}, \qquad \frac{x}{\log x}$$

は、主要項が等しいとみなされ、どちらも$\pi(x)$と「〜」で結ばれるわけです。

リーマン　この二つの関数のうち、$\pi(x)$により近いのはどちらでしょうか。外見上は$x/\log x$の方が易しそうな式に見えますが、直感的には$\mathrm{Li}(x)$の方が近そうに感じられます。ガウスもそう予想していましたし。

小山　二十一世紀には、計算機によって膨大な数に対して誤差の比較がなされており、リーマン教授の直感の通り、$\mathrm{Li}(x)$の方が近いことが確認されています（図12）。

リーマン　これはすごい。xが「10の二十五乗」という巨大な数のときにも計算がなされているのですね。$\mathrm{Li}(x)$の方の誤差は五百五十億であるのに対し、$x/\log x$の方は、それより十桁ほども多いですね。こうして見ると、五百五十億という数字が小さいものに見えてくるから不思議です。

x	$\pi(x)$	$\pi(x) - x / \ln x$	$\pi(x) / (x / \ln x)$	$\mathrm{Li}(x) - \pi(x)$
10	4	−0.3	0.921	2.2
10^2	25	3.3	1.151	5.1
10^3	168	23	1.161	10
10^4	1,229	143	1.132	17
10^5	9,592	906	1.104	38
10^6	78,498	6,116	1.084	130
10^7	664,579	44,158	1.071	339
10^8	5,761,455	332,774	1.061	754
10^9	50,847,534	2,592,592	1.054	1,701
10^{10}	455,052,511	20,758,029	1.048	3,104
10^{11}	4,118,054,813	169,923,159	1.043	11,588
10^{12}	37,607,912,018	1,416,705,193	1.039	38,263
10^{13}	346,065,536,839	11,992,858,452	1.034	108,971
10^{14}	3,204,941,750,802	102,838,308,636	1.033	314,890
10^{15}	29,844,570,422,669	891,604,962,452	1.031	1,052,619
10^{16}	279,238,341,033,925	7,804,289,844,393	1.029	3,214,632
10^{17}	2,623,557,157,654,233	68,883,734,693,281	1.027	7,956,589
10^{18}	24,739,954,287,740,860	612,483,070,893,536	1.025	21,949,555
10^{19}	234,057,667,276,344,607	5,481,624,169,369,960	1.024	99,877,775
10^{20}	2,220,819,602,560,918,840	49,347,193,044,659,701	1.023	222,744,644
10^{21}	21,127,269,486,018,731,928	446,579,871,578,168,707	1.022	597,394,254
10^{22}	201,467,286,689,315,906,290	4,060,704,006,019,620,994	1.021	1,932,355,208
10^{23}	1,925,320,391,606,803,968,923	37,083,513,766,578,631,309	1.020	7,250,186,216
10^{24}	18,435,599,767,349,200,867,866	339,996,354,713,708,049,069	1.019	17,146,907,278
10^{25}	176,846,309,399,143,769,411,680	3,128,516,637,843,038,351,228	1.018	55,160,980,939

図12.　π（x）に対するx/log x とLi（x）の誤差の比較
（ウィキペディアより．表中のln は自然数）

小山　リーマン教授の素数公式から、リーマン予想の下で $\mathrm{Li}(x)$ の誤差項の指数が二分の一、すなわち、誤差項のオーダーがだいたい $\sqrt{x}$ 程度であろうと推察されますので、この程度の誤差になることは予想通りです。

リーマン　確かに、この程度であれば「誤差」という言葉がぴったりですね。これに対し、$x/\log x$ の方は、$\pi(x)$ との差が膨大であり、$\pi(x)$ の桁数からあまり落ちていません。これではまだ主要項を取り尽くしていない印象です。

小山　以上のことから、実際の数値計算では $\mathrm{Li}(x)$ の方がより $\pi(x)$ に近いことがわかりますが、それだけではなく、数学者としての美的感覚で言っても、$\mathrm{Li}(x)$ の方が綺麗な結果であると言えますよね。

リーマン　私もそう思います。それは、自然数が素数である「確率」に関する考察が根拠となります。$\pi(x)$ は素数の個数を表し、$x/\log x$ は「x 個の自然数のうち素数が $x/\log x$ 個ある」という意味ですから、割合としては全体の $1/\log x$ が素数であることになります。つまり「x くらいの大きさの数が素数である確率は、だいたい $1/\log x$ である」ということになります。

小山　ここでいう「確率」とは、あくまで直感的な意味であり、数学的に正確に定義されるものではありませんが、「大きな数ほど素数は稀にしか発生しない」ことは経験的に正しいと思われますので、大きさ x によって確率を表すことは、少なくとも感覚的には意味がありますね。

リーマン　そこで、$\mathrm{Li}(x)$ と $x/\log x$ を比べた場合、1から x までの自然数に一律に確率 $1/\log x$ を適用して個数を計算したものが $x/\log x$ であるのに対し、$\mathrm{Li}(x)$ は、1から x までの範囲内でもやはり大きいものほど素数でありにくいので、この範囲内の数に対しても大きさの違いを反映させ、大きさ t くらいの数に対して確率 $1/\log t$ を適用して t に関して積分したものとみることができます。

小山　当然、より繊細に大きさを反映させた $\mathrm{Li}(x)$ の方が、良い結果になるわけですね。

リーマン　「自然数が素数である確率」が、$1/\log x$ という簡潔で美しい式で表されるであろうとの考えに論理的な根拠はなく、それはいわば数学者としての美的な感覚からくる判断だと思います。多くの数学者が自然にそのような結論に至るのではないでしょうか。仮にこれが $1/\log x$ でなく、もっと複雑で膨大な数式であれば、$\mathrm{Li}(x)$ よりも逆に $x/\log x$ の方がより良い結果になっている可能性もあるかもしれないけれど、そんな汚いことにはなっていないだろうという信念が、数学者にはありますね。

小山　リーマン教授と信念を共有できて、嬉しいです。

リーマン　ところで、この素数定理について、ロシアのチェビシェフが進展を得ていることは知っています。

小山　はい。チェビシェフの素数に関する業績は一八四八年―一八五二年に上げられたものですから、今から十年近く前になりますね。

リーマン　彼は、素数定理の粗いバージョンともいえる不等式を示しました。すなわち、ある定数AとBによって

$$A\frac{x}{\log x} \leq \pi(x) \leq B\frac{x}{\log x} \qquad (x \geq 2)$$

が成り立つというものです。

小山　$\pi(x)$の、xの関数としての増大度が、ほぼ$x/\log x$と同じであることを示した画期的な成果ですね。

リーマン　このチェビシェフの結果の両辺を$x/\log x$で割った

$$A \leq \frac{\pi(x)}{\frac{x}{\log x}} \leq B \qquad (x \geq 2)$$

の形を見ればわかるように、この定数AとBの存在は、それぞれ、分数関数

$$\frac{\pi(x)}{\frac{x}{\log x}}$$

の下極限と上極限の存在を表しています。チェビシェフは、仮に下極限と上極限が一致すれば、$A=B=1$に限ることも証明しました。

小山　チェビシェフの、素数に関するこの業績は、素数定理の部分的証明として評価されています。確かに、

$$\pi(x) \sim \frac{x}{\log x} \qquad (x \to \infty)$$

までもあと一歩のところまで行っているように見えますし、複素関数論を用いずに初等的にここまで示せたことは素晴らしいことですが、$\mathrm{Li}(x)$ を得ていない点が、リーマン教授の素数公式と比較すると、見劣りしますね。

リーマン 図12で見たように、$x/\log x$ だけでは、主要項を挙げ尽くしていない感がありますからね。

小山 ここに、素数論におけるリーマン教授の業績の価値が凝縮されているように思います。$\mathrm{Li}(x)$ という式は、リーマン教授が複素関数論を用いてゼータ関数を研究したことによって初めて得られました。チェビシェフは優秀ですが、その方法は初等的であり、彼の業績はいわば「初等的な方法の限界」を表しているとも言えます。素数論において、いや、数学において、ゼータがいかに本質的であるかが、ここからもわかるのです。

小山 表2の説明に戻りますが、この表中の「素数定理の主要項」とは、$\mathrm{Li}(x)$ を指しています。

リーマン $x/\log x$ ではないわけですね。

小山 これは、実部が1以上の領域、ゼータ関数の定義によって目に見える範囲の出来事をすべて反映し尽くしており、その意味でマクロな世界、すなわち、古典物理学に対応する結果であると言えます。

リーマン　そして、臨界領域内にあるゼータ関数の零点に関するより深い性質が、量子力学に対応すると。

小山　そうです。実部が1未満の領域は、ゼータの定義式からは見えないという意味で、日常、目に映らないミクロの世界に相当します。と同時に、ゼータ関数の零点の実部の上限が小さければ小さいほど、素数定理の誤差項が精密化できることがわかります。これは、量子力学が古典物理学の「精密化」と位置づけられることとも対応しています。

リーマン　確かに、そう考えると二つの世界の類似性が良くわかりますね。

小山　それだけではないのです。実は、量子力学で、自己共役作用素の固有値、固有関数といったスペクトル的な概念が用いられるように、ゼータ関数についても、零点がある種のスペクトルを用いて表されると考えられています。

リーマン　それは、まだ証明されていないのですか。

小山　はい。「ゼータ関数の零点はスペクトルであろう」との予想の起源は、一九一五年頃の「ヒルベルト・ポリャの提言」ですが、数学の予想としては定式化が不十分だったこともあり、それ以後の数十年間、全く進展がありませんでした。一九五〇年代にセルバーグが、幾何学的に定義される新しいゼータ関数を発見し、そのゼータ関数の零点が、ラプラシアンという自己共役作用素のスペクトルで表示されることを証明しました。そればかりか、その表示によって、そのゼータ関数の零点の実部が二分の一であること、すなわち、その新しいゼータ関数は、リーマン予想と同じ性質を持つことも証明されたのです。

リーマン　ほう。それはなかなか興味深い話ですね。

小山　はい。セルバーグのゼータ関数の零点がスペクトルで表示され、リーマン予想が証明されたこと。これは、リーマン教授が提唱された本来のリーマン予想を証明するヒントになると思われます。これについては、また後ほどご意見を伺いたいと思います。

第二部　どれくらい未解決なのか

第四章　ヒルベルトからミレニアム問題へ

小山　リーマン予想は「数学最大の未解決問題」と呼ばれています。

リーマン　様々な分野にある沢山の未解決問題の中でも、私の予想が最大なのですか？

小山　それは、リーマン予想が唯一、「ヒルベルトの問題」と「ミレニアム問題」の双方に共通して掲げられていることからもわかります。

リーマン　ヒルベルトとミレニアムですか。

小山　はい。今から四十一年後、一九〇〇年の節目に、数学者ヒルベルトが、数学の全分野を概観し、主要な未解決問題を列挙しました。そこに掲げられた二十三題は「ヒルベルトの問題」と呼ばれています。

リーマン　ヒルベルトというと、ドイツ人でしょうか。

小山　ヒルベルトは一八六二年にドイツで生まれ、若くして代数学・幾何学・解析学の全分野で傑出した業績を上げ、世界の数学をけん引する存在になりました。

リーマン　今から三年後の生まれですね。そして、一九〇〇年には、すでに世界の数学界で指導的立場になっていたわけですね。

小山　はい。「ヒルベルトの問題」は、パリで開催された国際数学者会議の講演で提唱され、それが二十世紀の数学の方向性に影響を与えました。世界中の数学者にとって、名誉や栄誉を確実に得られる研究は、ヒルベルトの問題を解決することでした。とくに、若い研究者に指針を与えてきた影響は、計り知れません。

リーマン　なるほど。学問の発展には、そういうリーダー的な存在も必要なのですね。

小山　二十世紀に行われたほとんどすべての数学研究が、ヒルベルトの問題のうちのいずれかと直接間接に関わっているか、またはそこから派生した分野に属すると言っても過言ではないでしょう。

リーマン　その二十三題は、解決されたのですか。

小山　解決したものもありますし、未解決なものもあります。また、時代の変遷とともに複数の問題が統一されたものもあれば、解決したかどうかの判定が難しいものもありますね。

リーマン　「判定が難しい」とはどういうことでしょうか。

小山　まず、問題が抽象的である場合が該当します。たとえば第六問題「物理学は公理化できるか」などです。

リーマン　何をもって「公理化」と呼べばよいか、判定が難しそうですね。

小山　また、第二問題「算術の公理の無矛盾性を証明せよ」も、解決されたかどうかの判定に諸説があり、二十一世紀になっても論文が発表され続けています。

リーマン　数学を理論的にきちんとした体系にしたいという欲求は、数学者なら当然持っているものですから、この第二問題は自然な問題ですね。「諸説ある」とは、何をもって「無矛盾」とみなすかの判定が難しいということでしょうか。

小山　それもありますが、実は、一九三〇年代に天才数学者ゲーデルが「不完全性定理」と呼ばれる事実を証明しました。それは、一言でいうと「あらゆる公理系に対し、証明も反証もできない命題、すなわち『決定不能命題』が存在する」という事実です。

リーマン　何ということでしょう！　その結論にショックを受けた数学者は多かったのではないでしょうか。「命題は、もしそれが正しければ証明可能である」との信念で研究を行う者は多いと思います。

小山　不完全性定理が世の中に与えた影響は大きく、しばしば数学そのものの意義や価値を問う論争にも発展しました。

リーマン　そうなるのも当然でしょうね。それで結局、数学は大丈夫だったのですか。数学が価値の無いものとみなされ、滅亡してしまったのかとの不安もよぎります。しかし、考えてみれば、あなたのように数学者という職業に就いて、こんな百五十年以上前の世界までわざわざ訪ねてくる人がいるくらいだから、結局は無事だったのでしょうね。

小山　はい。おかげさまで(笑)。幸い、不完全性定理のせいで数学自体の価値が否定されたり揺らいだり、という結果にはなりませんでした。たとえ証明不能な命題が存在したとしても、すでに証明できた定理の美しさが減るわけではありません。

リーマン　それはその通りですね。証明された定理の持つ美しさは普遍的であり、それは時代も人種も、あらゆるものを超越していると感じます。

小山　公理と論理だけから成り立っているはずの数学に、「美しさ」のような基準が存在するのは、考えてみれば不思議ですね。

リーマン　そもそも数学は、論理だけで形成されているのではないのかもしれません。私見ですが、ゲーデルの「決定不能命題」のような、論理が決して届かない深遠な真実が存在していることが、むしろ、数学の魅力を醸し出しているようにも感じられます。

小山　確かに、数学を深めれば深めるほど、感覚とか美意識といった、論理で割り切れない直感が役立つ局面に遭遇するものです。このことは多くの数学者が体験していると思います。

リーマン　数学を形成する要素として、論理の他に、私たちに見えない何かがあるのかもしれません。ゲーデルの定理は、そこに関係しているのではないでしょうか。

小山　話をヒルベルトの第二問題に戻しますと、不完全性定理によって「無矛盾性」という用語が、当初ヒルベルトが想定していなかった複数の意味に解釈できることになりました。

リーマン　ヒルベルトがもし、「無矛盾性」を「どのような正しい命題も公理に矛盾することなく証明できる」という意味で考えていたとすれば、それはあり得ないという結末になったわけですね。

小山　そういう意味で「第二問題は否定されて終了した」とする説もあります。

リーマン　しかし、実際に数学をやる立場からすると、公理系の価値というものは、その公理を用いて証明する過程で「論理が正しければ絶対に矛盾が生じない」という保証があることです。決定不能命題の有無は、関係ありません。

小山　それを「狭義の無矛盾性」と名付けるとすれば、それについては期待して良いわけです。いわば公理系が「矛盾」でもなければ、先に述べた意味での「無矛盾」でもない、その中間に位置する状態ですね。

リーマン　最初に述べた無矛盾性よりも「狭義の無矛盾性」の方が重要ですし、数学研究の実態に合っていると思えます。

小山　そうした観点から、ある条件下で「狭義の無矛盾性」を研究した例がいくつか発表されており、それらを第二問題への貢献とみなす説もあります。

リーマン　第二問題が解決したかどうかの判定が難しいという意味が、わかりました。

リーマン　ヒルベルトの問題のうち、完全に解決されたものにはどのような問題がありますか。

小山　有名なのは第一問題ですね。その主要部分である「連続体仮説」についてお話しします。

リーマン　「連続体仮説」とは、予想の名前ですね。

小山　これは、先ほどカントールの対角線論法の話題で触れた、無限大の大きさに関する話です。

リーマン　整数全体が可算個あり、実数全体はそれよりも真に大きくて非可算個あるという議論でしたね。

小山　ここで「非可算個」とは「可算でない」「可算よりも大きい」という意味ですが、そのうち、とくに実数全体の元の個数を「連続無限」と呼びます。このとき、「可算無限と連続無限の間に、それ以外の無限はない」という命題を「連続体仮説」と呼びます。

リーマン　つまり、実数の無限部分集合で、可算でも連続でもないものがあるかという問題ですね。

小山　はい。連続体仮説は一九六三年にアメリカ人数学者のコーエンによって、意外な形で解決されました。その結果は「通常の数学で用いている公理系と独立である」というものでした。

リーマン　何ですと？　これはまた、衝撃的な話ですね。実数の集合は、通常の数学で用いている公理で、有理数列の極限値の全体の集合として、明確に定義されています。

小山　実数の集合がどのような部分集合を持つかは、すでに決まっているはずであり、そこに新たな公理を付け加える余地など無いように感じられますよね。

リーマン　私たちは、実数の集合を確定した対象として認識できているかのように感じていますが、本当はそうでもないということなのですね。

小山　コーエンはこの業績により、数学界最大の栄誉と位置付けられているフィールズ賞を一九六六年に受賞しました。コーエンは数あるフィールズ賞受賞者の中でも傑出した存在であり、数学史年表に生前から掲載されるほどの人物でした。私の師であるサルナック教授は、後にリーマン予想研究の第一人者と認められた人ですが、学生時代に数学史年表にただ一人掲載されていた現役数学者のコーエン教授の名前を見て、アフリカ大陸の祖国から海を渡ってアメリカに移住し、コーエン教授の弟子になったというエピソードもあります。

リーマン　コーエン氏の弟子が私の予想の研究の第一人者になったとは、嬉しいことです。

小山　ヒルベルトの第一問題は、この連続体仮説に関する部分も含め、二十世紀中盤までに完全に解決しました。

リーマン　先ほど「問題が統合された例もある」とのことでしたが、それにはどんな問題がありますか。

小山　第九問題と第十二問題です。これらはいずれも、数論・ゼータ関数論における「ラングランズ哲学」の一部に位置付けられます。

リーマン　哲学というからには、研究の方向性に関する思想なのでしょうか。

小山　そうですね。大まかに言うと「良いゼータ関数は、必ず保型形式のゼータ関数として表示できる」という思想です。「良いゼータ関数」の正確な意味や、保型形式のことなど、少し長くなりますが説明させてください。

リーマン　壮大な話になりそうですね。

小山　まず、ヒルベルトの第九問題を端的に述べると「最も一般的な相互法則の発見と証明」となります。

リーマン　「相互法則」とは、ガウスの「平方剰余の相互法則」に代表される、二つの整数どうしの間に成り立つ相互的な代数関係のことですね。ここで「平方剰余」とは、素数 p で割ったときの余りのうち、p を法として平方数であるもののことです。「p を法として q が平方剰余であること」と、「q を法として p が平方剰余であること」との間に成り立つ相関関係を、ガウスが発見したのでした。第九問題は、それの一般化ですね。

小山　数式を使って表すと、「p を法として q が平方剰余である」は、方程式

$$x^2 \equiv q \pmod p$$

に整数解 x が存在するという意味ですが、実は、方程式をこの形に限定する理論的な根拠がありません。これ以外の方程式に対しても、類似の相互法則が成り立つだろうとの期待はあります。実際、ある3次式や4次式について、相互法則が個々に証明されていました。

リーマン　それらの統一を、ヒルベルトは提案したわけですね。

小山　そうしたヒルベルトの想いは、一九三〇年頃にアルティンによって実現されました。彼は、代数体の最大アーベル拡大のガロア群を求めることにより、「一般相互法則」を得たのです。

リーマン　ガロア群とは、体の拡大があるときに、下の体の元を一切動かさないような上の体の自己同型写像、すなわち、演算を保つような入れ替え写像のなす群のことですね。ガロアが、ガロア群を応用して「5次方程式の解の公式は存在しない」というアーベルの定理の証明を

大幅に簡略化した事実は有名です。

小山　ガロアの業績の意義は、後世になってより深く理解されました。代数学や整数論はもちろんのこと、物理学や計算機科学など、数学以外の多くの分野にも、ガロア群やガロア理論は多大な影響を与えています。

リーマン　彼は今から二十七年前に二十歳の若さで亡くなりましたが、死後しばらくは誰も彼の業績を理解できませんでした。人々がガロア理論の価値を認識し、ガロアの業績が評価されたのは最近のことです。ここゲッティンゲンでも、デデキントが一昨年までガロア理論の講義を行っていました。

小山　アルティンによる「一般相互法則」の発見は、ガロア群の価値を高めた一つの数学的な出来事であったと言えると思います。

リーマン　そのアルティンは「最大アーベル拡大のガロア群を求めた」とのことですが、アーベル拡大とは、ガロア群がアーベル群、すなわち可換群となるような体の拡大のことですか。

小山　そうです。アーベル拡大を合わせて作った体は、またアーベル拡大となります。こうしてすべてのアーベル拡大を合わせたものが「最大アーベル拡大」です。アルティンは、最大アーベル拡大のガロア群を求めたのです。

リーマン　「ガロア群を求める」とは、どういう意味でしょう。何か、具体的な別の形で表現したということですか。

小山　まさにそういうことです。アルティンは、ガロア群が本質的に「イデール類群」というものに等しいことを見出したのです。

リーマン　イデール類群ですか。聞き慣れない言葉ですね。

小山　イデール類群の前に、まず、イデール群を説明します。先ほど、素点の話題のところで登場したp進体という完備化を、すべてのpにわたらせた直積のようなものが、イデール群です。

リーマン　すべての完備化というと、各素数pに対するp進体の他に、実数体がありますね。

小山　より正しくは、イデール群は、アデール環の乗法群として定義されます。アデール環とは、たとえば有理数体$\mathbf{Q}$の場合でしたら、すべての素数pにわたる$\mathbf{Q}_p$と、実数体$\mathbf{R}$の直積の元のうち、有限個のpを除いてp成分がp進整数であるようなものの全体からなる集合です。

リーマン　すると、任意の有理数は、分母の素因子を除くすべての素数pに関する成分がp進整数ですので、アデールとみなせますね。とくに、0以外の有理数は可逆ですから、イデールともみなせますね。

小山　はい。同様にして一般の代数体に対してもイデール群が定義され、今言われたように、もとの代数体の元はイデールとみなせます。そのように代数体の元からくるイデールを、主イデールと呼びます。主イデールの全体は群をなします。

リーマン　主イデール以外のイデールがどれくらいあるのか、興味がありますね。

小山　それを表すのが、イデール類群です。すなわち、イデール類群とはイデール群を主イデール群で割った商群のことです。言い方を変えれば、二つのイデールがあり、一方に主イデールを掛けて他方に等しくなるときに、その二つは同じ類であるとみなします。この類全体の集合がイデール類群です。当然、主イデールの全体は一つの類をなしますが、それ以外にどれくらい類があるのかを、イデール類群が表しています。

リーマン　そのイデール類群が、最大アーベル拡大のガロア群だというわけですか。一見無関係にみえるものどうしの関係を見出した、価値ある定理ですね。

小山　アルティンは、イデール類群からガロア群への準同型写像を構成しました。この写像が満たす性質として「アルティン相互法則」と呼ばれる定理を証明しました。これが、ヒルベルトの描いていた一般相互法則となります。

リーマン　ここまで高度に抽象化されるとは、ヒルベルトも予期しなかったでしょうね。平方剰余の相互法則は、アルティン相互法則に含まれるのですか。

小山　p、q を異なる奇素数とするとき、下の体として $\mathbf{Q}(\sqrt{q})$ あるいは $\mathbf{Q}(\sqrt{-q})$ を考え、そのアーベル拡大体として $\mathbf{Q}$ に1の原始 q 乗根を添加した体を考え、その間のガロア群の元として p を考えると、アルティン相互法則が平方剰余の相互法則に一致します。

リーマン　それでは、ヒルベルトの第九問題は、完全に解決されたということですか。

小山　ところが、話はこれで終わりではなかったのです。アルティン相互法則は、アーベル拡大を対象としていました。これを、非アーベルも含めたより一般の場合に拡張する問題は未解決で、しかもそれが、リーマン予想とも絡む重要な問題であることがわかってきたのです。

リーマン　何ですと。こんなところにも私の予想が登場するのですか。いったい、どういうからくりでしょう。

小山　アルティン相互法則は、ゼータ関数論の立場からみると「アルティンL関数のヘッケL関数による表示」と解釈できます。

リーマン　二種のゼータ関数が互いに等しいという定理なのですね。

小山　この二種には、それぞれ特徴があります。アルティンL関数は、ガロア群の表現から定義されますが、L関数の解析接続や関数等式といった解析的性質が、証明されていません。一方、ヘッケL関数は、ヘッケ指標というもので定義されますが、解析的性質が証明されています。

リーマン　なぜそんな違いが生じたのでしょうか。何か理由がありそうですね。

小山　そもそもヘッケ指標とは、L関数が解析接続や関数等式を満たすように構成した指標です。したがって、ヘッケL関数がそうした性質を持つことはむしろ当然であり、アルティンL関数のように性質のわからないL関数を、いかにしてヘッケL関数などのわかりやすい関数で表せるかが、課題となります。

リーマン　つまり、ゼータやL関数には、関数としての成り立ち方に二つの種類があるということですね。一つはアルティンL関数のように、ガロア群など知りたい対象を直接用いて定義された関数。もう一つはヘッケL関数のように、あらかじめ望ましい性質を満たすことを想定して構成された関数。アルティン型をヘッケ型で表すことが、数学の目標であると。

小山　実は、リーマン教授はすでにお気づきと思いますが、ヘッケL関数のように、望ましい性質を持つ関数の構成という発想の起源は、リーマン教授の論文にあります。

リーマン　テータ級数のことですね。ゼータ関数の第二積分表示では、テータ級数の積分変換としてゼータ関数を表示しました。前の議論に戻りますが、図8の $f_2(x)$ がテータ級数です。積分変換を経由することで、テータ級数の変換公式がゼータの関数等式に翻訳されたのです。

小山　もし、テータ級数のように、何らかの変換公式を満たす関数があれば、そこから積分変換を経由させることによって、新しいゼータ関数、L 関数が定義でき、それらは当然、関数等式を満たすことになります。

リーマン　そうやって定義されたものが、ヘッケ L 関数なのですか。

小山　ヘッケが発見した当時はイデールの概念がなく、定義は非常に複雑なものでしたから、そこまで明解な筋道をヘッケが意識していたかどうかはわかりません。後世が解釈しなおしたところによれば、ヘッケ指標は、イデール群の指標として定義されます。ヘッケ指標 χ に対してその逆数 χ^{-1} もまたヘッケ指標になりますので、積分変換を経由することで、L 関数の二つの値 $L(s,\chi)$ と $L(1-s,\chi^{-1})$ の間の関係が、自然に示されます。

リーマン　ここでまたイデール類群の登場ですか。それで、ガロア群との関係がつき、アルティン L 関数に等しくなるわけですね。

小山　しかし、問題は、このヘッケ L 関数とアルティン L 関数の対応が、全体どうしの対応になっていないことです。ヘッケ L 関数は、アルティン L 関数のうちのごく一部、アーベル拡大の部分にしか対応していないため、非アーベル拡大のアルティン L 関数については、対応の相手がわからないわけです。

リーマン　確かに、それは困りますね。この理論を非アーベルに拡張しようとしても、ヘッケL側の相手がいないわけですからね。

小山　アルティン相互法則の一般化には、ヘッケ指標の一般化となるような新概念の発見が必要だということです。

リーマン　それは、どのようになされたのですか。

小山　歴史的には紆余曲折があったのですが、手短に結論だけ述べます。ヘッケLが定義されているイデール群は、アデール環Aの乗法群ですから、一般線形群の記号GLを用いると、$GL(1,A)$と表せます。ヘッケ指標は$GL(1,A)$上で定義されるわけですが、ここで行列の次数を上げて$GL(2,A)$、さらに一般に$GL(n,A)$（nは自然数）としたものが、求めるものとなります。

リーマン　$GL(n,A)$とは「Aの元を成分に持つn次正則行列の全体からなる群」ですから、nが2以上のときは非アーベル群になりますね。先ほど、アーベル拡大のガロア群がイデール群$GL(1,A)$と関係があるというお話でしたが、非アーベル拡大のガロア群は$GL(n,A)$と関係があるのでしょうか。

小山　残念ながら、それは未解明です。非アーベル拡大のガロア群を、$GL(n,A)$を用いて直接表すことが可能なのかどうか、わかりません。

リーマン　そもそも、nとしてどの自然数を選ぶかという問題がありますね。特定のnを選ぶのでは不自然ですから、アーベル拡大のときのような一般的な定理を得ることは、

$GL(\infty, A)$でも考えない限り、難しいでしょうね。

小山　非アーベル拡大も含めた、すべての代数拡大を包括した拡大のガロア群を「絶対ガロア群」と呼びます。絶対ガロア群を求める問題は、数論の悲願となっています。

リーマン　私の質問のせいで話がそれてしまいました。話題を元に戻しましょう。$GL(1, A)$上で定義されていたヘッケ指標を、$GL(n, A)$上に拡張する話でしたね。

小山　ヘッケ指標をそう拡張したものを、保型形式と呼びます。そして、保型形式のL関数を、ラングランズL関数と呼びます。

リーマン　ラングランズLも、ヘッケLと同様、解析接続や関数等式の成立が想定されるわけですね。

小山　すべてのnに対して証明が完成しているわけではありませんが、かなり証明されています。

リーマン　すると、非アーベル拡大のアルティンL関数が、何らかのラングランズL関数として表示できれば、アルティン相互法則のさらなる一般化、ヒルベルト第九問題の究極の解決が果たせるというわけですね。

小山　実は、アルティンL関数は、より一般的な「ガロア表現のL関数」の一部とみなせるのですが、すべての「ガロア表現のL関数」がラングランズL関数として表示されるだろうという予想があり、これを「ラングランズ予想」さらに「ラングランズ哲学」と呼んでいます。

リーマン　哲学という言葉が用いられている理由が、ようやくわかりました。一つの予想というよりも、分野全体の研究の方向性を決定づける思想なのですね。何しろ、アルティン相互法則ほどの偉大な定理が、ラングランズ予想の最も簡単な一例に過ぎないわけですから、壮大な話です。

小山 アルティン相互法則だけとっても、その高度な抽象性はヒルベルトの想定を越えていたと想像されますが、その先にここまで広大な風景が開けていたとは、ヒルベルトが見たら驚くのではないでしょうか。

小山 ラングランズ哲学がいかに広く深いものであるか、それを物語る例をもう一つ挙げます。実は、あの「フェルマーの最終定理」も、ラングランズ哲学の一環として解決されました。

リーマン 何ですと！　フェルマーが十七世紀に書き残した、あの有名な問題ですね。

不定方程式 $x^n + y^n = z^n$ $(n \geq 3)$ は、0以外の整数解 x, y, z を持たない

という予想で、フェルマーが「実に驚くべき証明を見つけたが、この余白はそれを書くには狭過ぎる」という言葉を残し、証明を記すことなく亡くなった問題ですね。フェルマー以降、多くの数学者が取り組んできました。

小山 フェルマーは「証明した」と言っていますが、書かれた証明は存在しないので、正しくは「最終定理」でなく「フェルマー予想」と呼ぶべきでしょうね。

リーマン　フェルマー予想の研究の経緯ですが、十九世紀前半まで、$n=3,4,5,7,14$といった個別のnについて証明されてきた歴史は、私も知っています。

小山　その後、クンマーが目覚ましい業績を上げたのでしたね。

リーマン　近年、クンマーが「任意の正則素数およびその任意の倍数」という、かなり広い範囲のnに対して証明に成功しました。正則素数という概念はクンマーが定義したものです。クンマーは円分体の研究を進める上で、素数を正則と非正則の二種にわけ、そのうちの正則なものに関してフェルマー予想を証明したわけです。ちなみに、百以下の素数は37、59、67の三個を除きすべて正則です。その三個に関して、クンマーは個別にフェルマー予想を証明しましたので、結局、百以下のすべてのnに対してフェルマー予想を解決しました。

小山　正則素数は無数に存在すると予想されていますが、真偽は不明であり、二十一世紀の現在も未解決です。しかし、クンマー以前にはごく少数のnについて個別の結果しか得られていなかったことと比べると、革新的な進展ですね。

リーマン　この業績を讃え、今から九年前の一八五〇年、フランス科学アカデミーはクンマーを表彰し、懸賞金を授けました。一八一六年、懸賞問題が出題された当時は、任意のnに対する証明を受賞の対象としていましたが、三十年以上未解決であったため、当初の想定以上の難問であることが認識され、部分的な解決であってもクンマーが受賞に値すると認められたのです。

小山　それは、フランス科学アカデミーの賢明な判断でしたね。クンマー以降、ワイルスが完全解決をするまで、約百五十年間、ほとんど進展が見られなかったので。

リーマン　そのワイルスですが、ラングランズ哲学に則った方法とは、いったいどんな方法なのでしょうか。

小山　それには、ハッセ型のゼータ関数というものを説明する必要があります。

リーマン　ハッセ型ですか。アルティン型、ラングランズ型に続き、三つ目の型ですね。これら二つの型は、ゼータの成り立ちにそれぞれ特徴がありましたね。ガロア群という研究目標を直接用いて定義したのがアルティン型、一方、ゼータが望ましい性質を満たすようにヘッケ指標や保型形式を定義し、そこから構成したのがラングランズ型でした。ハッセ型は、どちらのタイプですか。

小山　前者です。ただし、研究目標はガロア群ではなく、代数方程式、あるいは代数多様体、または、より一般の環となります。

リーマン　ゼータはどのように定義されるのでしょうか。

小山　リーマン・ゼータの場合と同様、オイラー積によって定義されます。ただし、素数の代わりに、素イデアルの一種である「極大イデアル」をわたる積になります。

リーマン　イデアルとは何ですか。

小山　イデアルは、クンマーがフェルマー予想の証明に用いた「理想数」の概念を後年にデデキントが理論的に整備した概念です。今から十数年後のことです。

リーマン　クンマーの理想数は知っています。従来から整数論の研究で障害になっていた「素因数分解が成立しない環」を攻略するための工夫だったと聞いています。たとえば、整数環 $\mathbf{Z}$ に $\sqrt{-5}$ という虚数を添加した複素の整数環

$$\mathbf{Z}[\sqrt{-5}] = \{a + b\sqrt{-5} \mid a, b \in \mathbf{Z}\}$$

においては、6が

$$6 = 2 \times 3, \qquad 6 = (1 + \sqrt{-5})(1 - \sqrt{-5})$$

と二通りに分解され、ここに登場した四つの因子 $2, 3, 1 \pm \sqrt{-5}$ は、いずれもそれ以上分解できないという意味で「素数」です。したがって、この環では6が二通りに素因数分解されることになります。このように二通りの素因数分解があることが、整数論の発展の妨げになっていました。そこでクンマーは、これらの因子がさらに「理想数」という仮想的な数 A, B, C, D の積に

$$2 = AB, \qquad 3 = CD, \qquad 1 + \sqrt{-5} = AC, \qquad 1 - \sqrt{-5} = BD$$

のように分解されると考え、理想数を用いれば6は

$$6 = ABCD$$

と一意的に分解されるだろうと考えたのです。

小山　デデキントは、この理想数を「環の部分集合のうち特別な形のもの」と定義しました。特別な形とは、いくつかの元 $x_1, x_2, \cdots, x_n$ の一次結合の全体

$$\{a_1x_1 + a_2x_2 + \cdots a_nx_n \mid a_1, a_2, \ldots, a_n \text{ は環の元}\}$$

のことです。彼は、これを「$x_1, \ldots, x_n$ で生成されるイデアル」と呼びました。これを記号で $(x_1, \ldots, x_n)$ と表します。$x_1, \ldots, x_n$ を、このイデアルの生成元と呼びます。

リーマン　整数環 $\mathbf{Z}$ の場合、ユークリッドの互除法によって、生成元の個数 n が 2 以上のイデアル $(x_1, \ldots, x_n)$ は、$x_1, \ldots, x_n$ の最大公約数の一元で生成されるイデアルと等しくなることが、容易にわかりますね。

小山　すなわち、$\mathbf{Z}$ のイデアルは、生成元が一個のイデアル

$$(a) \quad \text{（ただし、} a \text{ は整数）}$$

で尽くされるので、$\mathbf{Z}$ に関しては、普通の数とイデアルが同概念となります。

リーマン　ところが、先ほどの $\mathbf{Z}[\sqrt{-5}]$ のような環では、普通の数とイデアルとでは大きな違いがあるのですね。

小山　先に挙げた四つの理想数 A, B, C, D は、それぞれ二元で生成されるイデアルとして、

$$A = (2, 1 + \sqrt{-5}), \quad B = (2, 1 - \sqrt{-5}), \quad C = (3, 1 + \sqrt{-5}), \quad D = (3, 1 - \sqrt{-5})$$

となり、これらはいずれも一元生成の形に書きかえることはできないので、イデアルによって初めて、分解の一意性が成り立つわけです。

リーマン　このとき、普通の数は一元で生成されるイデアルとみなし、たとえば、先ほどの $2 = AB$ は $(2) = AB$ のように解釈するのですね。そうやって、イデアルをイデアルの積に分解していき、それ以上分解できないものが「素イデアル」ですね。

小山　そして、素イデアルのうちで、包含関係で極大、すなわち、環全体のイデアルの次に大きな素イデアルを「極大イデアル」といい、オイラー積はこの極大イデアル全体にわたる積となります。

リーマン　たとえば、0という一元で生成されるイデアル (0) は、素イデアルであっても、極大ではないですから、オイラー積から除くわけですね。

小山　イデアル (0)は、一元のみからなり、他のすべての素イデアルに含まれます。そして、(0) 以外の素イデアルをさらに含むような素イデアルは、全体集合である環自体しかありません。したがって、代数体の場合は、オイラー積に参加するイデアルは、(0) 以外のすべての素イデアルとなります。

リーマン　(0) 以外の素イデアルは、すべて極大イデアルなのですか。

小山　代数体の整数環の場合はそうなります。しかし、関数を元とする環など、一般の環では必ずしもそうとは限りません。たとえば、整数を係数とする多項式全体からなる環 $\mathbf{Z}[x]$ の場合、包含関係にある三つのイデアルの列

$$(0) \subset (p) \subset (p, x) \qquad (\text{ただし } p \text{ は素数})$$

は、すべて素イデアルですが、このうち極大イデアルは (p,x) だけです。(p) は素イデアルですが、極大ではありません。

リーマン　イデアル (p,x) は「定数項が p の倍数であるような多項式の集合」ですね。これらが極大イデアルとして、オイラー積に参加するわけですね。

小山　また、x のところを「p を法とする既約多項式 $f(x)$」で置き換えた $(p,f(x))$ も、極大イデアルになります。

リーマン　極大イデアルをオイラー積に用いる際、どのように数値化するのですか。極大イデアルは集合ですから、そのままでは数式に入れられません。

小山　ノルムを定義して用います。イデアルは環 A の加法部分群になっていて、特に極大イデアル $\mathfrak{p}$ に対しては、商群 $\mathrm{A}/\mathfrak{p}$ が有限になります。そこで、その元の個数 $|\mathrm{A}/\mathfrak{p}|$ をノルムとおきます。$\mathrm{N}(\mathfrak{p}) = |\mathrm{A}/\mathfrak{p}|$ というわけです。

リーマン　$\mathrm{A} = \mathbf{Z}$ で p が素数の場合に $\mathrm{N}((p)) = |\mathbf{Z}/(p)| = p$ であることから、素イデアルのノルムは、素数の一般化になっていますね。

小山　極大イデアル $(p,x) \cap \mathbf{Z}[x]$ のノルムは、

$$\mathrm{N}((p,x)) = |\mathbf{Z}[x]/(p,x)| = |\mathbf{Z}/(p)| = p$$

となります。

リーマン　また、先ほどの素数と既約多項式を生成元とする極大イデアル $(p, f(x))$ のノルムは、$f(x)$ の次数を d とおくとき、

$$N((p,f(x))) = |\mathbf{Z}[x]/(p,f(x))| = |(\mathbf{Z}/(p))[x]/(f(x))| = p^d$$

となりますね。

小山　結局、環 A のハッセ・ゼータ関数は、リーマン・ゼータと同じ形で

$$\zeta_A(s) = \prod_{p:\ 極大イデアル} (1-N(p)^{-s})^{-1}$$

と定義されます。ここで p は A の極大イデアルをわたり、$N(p)$ は、p のノルムです。

リーマン　環のハッセ・ゼータ関数の定義はわかりました。先ほど、ラングランズ予想との関連を見るには「代数方程式」あるいは「代数多様体」のゼータが必要との話でしたが、それとはどういう関係になりますか。代数多様体は、図形ですよね。

小山　代数多様体は、方程式で定義された図形です。たとえば、xy 平面内で定義される放物線 $y = x^2$ や、円 $x^2 + y^2 = 1$ が代数多様体です。

リーマン　それらのゼータ関数をどうやって定義するのですか。

小山　代数多様体から「座標環」という環を作り、そのハッセ・ゼータ関数として定義します。座標環は、代数多様体の定義方程式で多項式環を割った環のことです。

リーマン　少し抽象的ですが、この座標環の構成が鍵になりそうですね。

小山　簡単な例で説明します。複素数を係数とする二変数多項式環 $\mathbb{C}[x,y]$ を考えます。直線 $y=1$ という代数多様体の座標環は、定義方程式 $y-1=0$ の左辺が生成するイデアル $(y-1)$ で全体を割った環のことです。すなわち、$A=\mathbb{C}[x,y]/(y-1)$ です。この環 A の素イデアルは、$\mathbb{C}[x,y]$ の素イデアルのうち、$y-1$ を含むものから来るので、たとえば、$\mathbb{C}[x,y]$ の素イデアルの列

$$(0)\subset(y-1)\subset(x-a,y-1)\qquad(a\in\mathbb{C})$$

の右辺にある二元生成イデアル $(x-a,y-1)$ が該当します。ここで、$a\in\mathbb{C}$ は任意の複素数を動きます。すなわち、直線 $y=1$ という図形は、点 $(a,1)$ で $a\in\mathbb{C}$ がわたることで実現されますが、それは、座標環の素イデアル全体をわたることと、同じなのです。

リーマン　この例は、代数多様体上の点集合が、座標環の素イデアルの集合とみなせることを説明するために挙げただけであって、ハッセ・ゼータ関数の定義に登場するわけではありませんね。イデアル $(x-a,y-1)$ のノルムは無限大になってしまいますので。

小山　その通りです。複素数全体の集合は、整数全体の集合とかけ離れ過ぎていて、数論で扱うには大き過ぎます。今はフェルマー予想とラングランズ哲学の関係を説明したいので、実際に登場する代数多様体は、複素数でなく整数を係数とする代数多様体です。その場合、既約多項式が2次以上のものも存在しますので、「図形上の点」と「座標環の素イデアル」の関

係は、複素数係数のときほど単純ではありません。

リーマン　ここで定義したハッセ・ゼータ関数も、やはりラングランズ哲学の一部に登場するのでしょうか。

小山　はい。ラングランズ哲学の主張は「良いハッセ・ゼータ関数は、ラングランズL関数である」すなわち「良いハッセ・ゼータ関数は、ある保型形式のL関数と一致する」となります。

リーマン　フェルマー予想はどのようにして証明されたのでしょうか。

小山　背理法によります。フェルマー予想の反例が存在したと仮定します。

リーマン　3以上のある自然数nに対し、方程式$x^n + y^n = z^n$が、0以外の整数解を持ったとするわけですね。すなわち、

$$a^n + b^n = c^n \qquad (a, b, c \neq 0)$$

なる自然数a,b,cが存在したとするわけです。

小山　このとき、方程式$y^2 = x(x - a^n)(x + b^n)$で定義される代数多様体のハッセ・ゼータ関数が、ラングランズ哲学を満たさないことが証明されました。

リーマン　すなわち「この代数多様体のハッセ・ゼータ関数に、ラングランズL関数が一致するような保型形式が存在しない」という結論ですね。これは、ラングランズ哲学の反例となるわけですから、一大事ですね。

小山　ラングランズ哲学が正しいと思われる以上、フェルマー予想も正しいということになります。

リーマン　あとは、ラングランズ哲学を一部でも証明し、そんな反例が生じ得ないことを示せば良いのですね。

小山　方程式 $y^2 = x(x-a^n)(x+b^n)$ で定義される代数多様体は「楕円曲線」という種類です。楕円曲線に対するラングランズ哲学は、ラングランズが提唱した一九七〇年代よりも以前から、予想として存在していました。それを「谷山志村予想」と呼びます。谷山豊と志村五郎が一九五〇年代に「楕円曲線のハッセ・ゼータ関数は、すべて保型形式の L 関数となること」を予想したのです。ラングランズは後年、谷山志村予想を元にして一般的な理論を考案し、それがラングランズ哲学と呼ばれるようになりました。

リーマン　そうすると、谷山志村予想を示せば、フェルマー予想の証明となるわけですね。

小山　方程式 $y^2 = x(x-a^n)(x+b^n)$ に最初に注目し、それが谷山志村予想の反例になることを予想したのは数学者フライで、一九八四年のことでした。その予想はセールによって定式化されたため、フライ・セールの予想とも呼ばれていました。一九八六年、リベットがそれを証明しました。

リーマン　リベットの仕事は、世界に衝撃を与えたのではないですか。

小山　そうですね。それまで、フェルマー予想はどちらかというと、古くて考え尽くされた問題で、それが解けたからといって他の数学への影響は小さい、いわば孤立した問題と見なされていたでしょうからね。

リーマン　そのフェルマー予想が、谷山志村予想という、最先端の数学の問題、しかも、ラングランズ哲学のように奥深い発展の可能性のある分野の帰結として得られることになったのですから、世間の注目度は上がったことでしょう。

小山　フェルマー予想を解決したワイルス氏は、元々、代数的整数論の主要な未解決問題を解決した業績で知られる著名な数学者でしたが、一九八六年のリベットの仕事を知って以来「小学校時代に知ってから封印していたフェルマー予想の解決の夢を、再び自分が実現できるかもしれない」と思い立ち、証明に取り組んだと語っています。彼は、弟子であり共同研究者であるテイラーの助力を得て、一九九四年にフェルマー予想の証明を完成しました。

リーマン　ヒルベルトの第九問題がラングランズ予想に発展し、その一環としてフェルマーの最終定理が解決されたという話は、非常に興味深かったです。第九問題がここまで深化したとなれば、他の問題と統合されるのも頷けます。統合の相手は、第十二問題でしたか。

小山　はい。第十二問題は「類体の構成問題」です。類体とは、たとえば有理数体上なら、最大アーベル拡大と同義です。

リーマン　ほう。そうすると、第九問題と近い雰囲気になりますね。ただ「構成問題」というからには、興味の対象はガロア群よりも、代数体の具体的な元の問題になりそうですね。

小山　そうです。最大アーベル拡大を得るには、どんな元を添加したら良いかという問題です。

リーマン　今から六年前、一八五三年にクロネッカーが、それに関する論文を書きましたね。「有理数体$\mathbf{Q}$のすべてのアーベル拡大は、1のべき根を添加して得られる」という定理でした。たとえば、$\sqrt{5}$は、2次体$\mathbf{Q}(\sqrt{5})$というアーベル拡大の元なので、有理数と1のべき根だけで表せます。実際、αを1の原始5乗根$\alpha = \cos(2\pi/5) + i\sin(2\pi/5)$とすると、

$$\sqrt{5} = \alpha - \alpha^4 - \alpha^6 + \alpha^8$$

となっています。

小山　後年わかったことですが、クロネッカーの論文には不備があり、この定理の証明は一八八六年にウェーバーが完成させました。そのため、その事実は「クロネッカー・ウェーバーの定理」と呼ばれています。

リーマン　この定理は、1のべき根を作る関数

$$f(x) = \cos 2\pi x + i\sin 2\pi x$$

さえあれば、そこに任意の有理数xを代入した集合$f(\mathbf{Q})$によって、$\mathbf{Q}$の任意のアーベル拡大が生成されるということですね。

小山　cosは余角のsinとして表せますから、結局、$f(x) = \sin 2\pi x$と考えても良いですね。そして、一般の代数体上でも、このように任意のアーベル拡大を生成する関数$f(x)$を求めることが、ヒルベルトの第十二問題なのです。

リーマン　それは、どれくらい解決されましたか。

小山　一八八八年にクロネッカーが、虚2次体の場合に $f(x)$ がレムニスケート・サイン関数であることを予想し、一九二〇年に高木貞治が証明しました。しかし、一般の代数体については全く解かれていません。高木は一九二〇年の論文の前半で類体論の証明をし、応用として、後半で虚2次体に対する第十二問題を解決したのです。

リーマン　アルティンの研究は、高木の研究に続く形で行われたものなのですね。

小山　はい。そのため、現代では、関数 $f(x)$ を求める問題、絶対ガロア群を求める問題、非アーベル拡大も含めた一般相互法則、これらがすべて、ラングランズ哲学の一環とみなされ、数論の壮大な光景を演出しているわけです。

リーマン　第九問題と第十二問題が統一されている意味がわかりました。

小山　これまで、ヒルベルトの問題の行く末を概観してきました。

リーマン　解決した問題、いったん解決した後で一般化されて新たな謎が生まれた問題、ヒルベルトの想定外の結論になり、解決したかどうかの判定が難しい問題など、いろいろなパターンがありましたが、程度や解釈の差はあれ、どの問題にもそれなりの進展が見られていました。

小山　そこで、いよいよリーマン予想の話に移りましょう。

リーマン　私の予想も、ヒルベルトの問題に名を連ねているのですね。

小山　第八問題です。正確には「素数分布に関する問題、とくにリーマン予想」という形で、リーマン予想を筆頭として、ゴールドバッハ予想や双子素数予想など、素数に関する諸問題が言及されています。

リーマン　ゴールドバッハ予想は「2より大きな任意の偶数は、二つの素数の和で表せる」、双子素数予想は「差が2の素数の組が無数に存在する」という予想ですね。それらは解決されたのですか？

小山　いいえ。条件を少し変えた類似問題を証明したり、ときには非現実的な仮定を設けて証明したりといった研究はありましたが、本来の予想は証明されていません。

リーマン　たとえば、どんな結果が得られたのですか。

小山　まず、ゴールドバッハ予想については、二〇一三年に「三項ゴールドバッハ予想」、略して「三項予想」と呼ばれる命題が証明されました。これは「5より大きな任意の奇数は、三つの素数の和で表せる」という命題です。

リーマン　ゴールドバッハ予想の「偶数」「二つの素数」を「奇数」「三つの素数」に変えた命題なので、一見したところ、元の予想と双璧であるかのように思えますが、少し考えてみると、これは元の予想よりもかなり弱いことがわかりますね。

小山　その通りです。奇数 n から奇素数 p を引けば偶数になりますから、ゴールドバッハ予想が成り立てば、当然、三項予想も成り立ちます。

リーマン　しかし、逆は成り立たないですね。三項予想が成り立ったからといって、ゴールドバッハ予想が成り立つためには、引く方の素数pを1以上$n-2$未満の任意の奇数に置き換えても、差$n-p$が二つの素数の和で表せなくてはならないですからね。これは、かなり大きな隔たりですね。

小山　二十一世紀の数学界でも、そのような評価がなされていると思います。外見上は似ていますが、ゴールドバッハ予想を三項予想に修正することにより、数学的な価値には雲泥の差が生じたと。その上、三項予想の証明がゴールドバッハ予想の解決に寄与する可能性も、今のところは見出されていません。

リーマン　結局、ゴールドバッハ予想については進展なしということですね。双子素数予想についてはどうですか。

小山　先ほど少し述べましたが、「非現実的な仮定」の下での研究があります。

リーマン　どのような仮定ですか？

小山　大雑把に表現すれば「もしリーマン予想が間違っていたら」という種類の仮定です。

リーマン　何と、ここにまた私の予想が登場するのですか。しかも、それが間違っていることを仮定するとは、変わった研究ですね。

小山　その仮定の下で「双子素数が無数に存在すること」を証明した研究です。それは一九八三年にイギリスのヒースブラウンという数学者によってなされました。彼はゼータ関数論における一流の研究者であり、この論文もロンドン数学会によって刊行された伝統ある学術誌に掲載されています。

リーマン　かなり評価の高い研究なのですね。この定理だけでは双子素数が無数に存在するかどうか全くわからないとはいえ、この定理のおかげで、以後、双子素数予想の証明は、私の予想が正しいとして行えば良いわけですから、解決の過程における一つの進展とはいえるかもしれませんね。ところで、「大雑把に表現すれば」とは、どういう意味でしょうか。単に予想が偽だというだけではないのですね。

小山　そこは少し説明を要します。一口に「リーマン予想が成り立たない」と言っても、いろいろなレベルがあります。この研究で設けた仮定は、端的に言うと「リーマン予想の一般化が、非常に極端なレベルで、偽である」という仮定です。

リーマン　単に偽であるだけでなく、「非常に極端なレベル」ですか。

小山　説明します。まず、リーマン予想は、ディリクレL関数でも成り立つと考えられており、その場合も未解決です。

リーマン　ディリクレL関数とは、ゼータ関数

$$1+\frac{1}{2^s}+\frac{1}{3^s}+\frac{1}{4^s}+\frac{1}{5^s}+\frac{1}{6^s}+\frac{1}{7^s}+\frac{1}{8^s}+\cdots$$

の分子の1をいろいろな数に変えて得られる級数、たとえば

$$1+\frac{0}{2^s}+\frac{1}{3^s}+\frac{0}{4^s}+\frac{1}{5^s}+\frac{0}{6^s}+\frac{1}{7^s}+\frac{0}{8^s}+\cdots,$$

$$1+\frac{1}{2^s}+\frac{0}{3^s}+\frac{1}{4^s}+\frac{1}{5^s}+\frac{0}{6^s}+\frac{1}{7^s}+\frac{1}{8^s}+\cdots,$$

$$1+\frac{-1}{2^s}+\frac{0}{3^s}+\frac{1}{4^s}+\frac{-1}{5^s}+\frac{0}{6^s}+\frac{1}{7^s}+\frac{-1}{8^s}+\cdots$$

などですね。すなわち、一般に分子の数列を$\chi(n)$とおけば、

$$\chi(1)+\frac{\chi(2)}{2^s}+\frac{\chi(3)}{3^s}+\frac{\chi(4)}{4^s}+\frac{\chi(5)}{5^s}+\frac{\chi(6)}{6^s}+\cdots$$

が、ディリクレL関数の一般的な形となります。

小山　この一般形を$L(s,\chi)$と書きます。ここで、$\chi(n)$はディリクレ指標です。すなわち、ある自然数 q を法とした周期関数であり、任意の二つの自然数 n、m に対して $\chi(nm)=\chi(n)\chi(m)$ が成り立ち、n と q が互いに素でないときは、$\chi(n)=0$ となるものです。

リーマン　$L(s,\chi)$ についても、解析接続と関数等式を証明できるのですね。

小山　はい。そして、リーマン予想もリーマン・ゼータ関数 $\zeta(s)$ と同じように、成り立つと考えられています。

リーマン　$\zeta(s)$ と $L(s,\chi)$ で、著しい相違点は何ですか?

小山　一番大きな相違点は、$\zeta(s)$ は $s=1$ を極に持つのに対し、$L(s,\chi)$ は、多くの場合に全平面で正則であることです。

リーマン　私の予想に関しては、どうですか？

小山　$\zeta(s)$ の場合、リーマン予想が零点無しと主張する「実部が二分の一以上、１以下の領域」のうち、少なくとも実軸上には、$\zeta(s)$ の零点は存在しません。すなわち、実軸上に限定すれば、リーマン予想は成り立っているわけです。しかし、$L(s,\chi)$ については、これすらも未解決です。つまり、実軸上で、$s=1$ の近くに零点が存在する可能性があります。

リーマン　実軸上ですら未解明とは、厳しいですね。そういう零点は沢山あり得るのですか？

小山　一九三〇年代にジーゲルは、そのような零点は各 q に対して高々一つの χ に対してのみ存在し得ること、そして、その χ に対し零点があったとしても高々一個であることを、証明しました。それ以降、この高々一個の零点の非存在を示すことが、$L(s,\chi)$ のリーマン予想研究の第一歩と位置付けられました。その業績を讃え、この「あるかもしれない仮想的な零点」を「ジーゲル零点」と呼ぶようになりました。

リーマン　あって欲しくないが、あるかもしれない零点ですね。

小山　後年、ランダウが一九二〇年代にすでにこの種の零点に言及していたことが指摘され、「ランダウ・ジーゲル零点」とも呼ばれるようになりました。

リーマン　「ジーゲル零点」あるいは「ランダウ・ジーゲル零点」の非存在を示すことが、私の予想をディリクレ L 関数に拡張する際に不可欠なわけですね。逆に言うと、仮にジーゲル零点が存在すれば、それは、$L(s,\chi)$ に対して私の予想が実軸上ですら成り立たないことを意味しますから、「極端なレベルで偽」となるわけですね。

小山　もちろん、その場合でも $\zeta(s)$ に対する本来のリーマン予想が正しい可能性は残されています。

リーマン　しかし、予想の整合性や、数学にあるべき美的価値観からすると、私の予想の説得力が落ちますね。

小山　ヒースブラウンが設けた「非現実的な仮定」をもう少し正確に述べると、「ある q を法とするある指標 χ に対し、$L(s,\chi)$ が $s=1$ の十分近くに零点を持つ」となります。ただし「十分近く」の条件は、論文中では厳密に定義されていますが、ここでは略します。ジーゲル零点はこの「十分近く」の条件を満たしています。

リーマン　そうすると、ヒースブラウンは「ジーゲル零点が存在すれば、双子素数が無数に存在する」という定理を証明したことになりますね。

小山　ともかく、現状では、双子素数が無数に存在するかどうかは、わかっていません。ただ、もう一つ、注目すべき研究が二〇一三年に発表されました。それは、「差が七千万以下の素数の組は無数に存在する」という定理です。双子素数は「差が2の素数の組」ですから、七千万と2という数値の違いはありますが、同種の定理とみなせます。あとは数値の改良を行うことにより、双子素数予想が証明できる可能性が出てきました。

リーマン　これは面白い。二〇一三年以降、あなたが来られるまでの数年の間に進展があったのでしょうか。

小山　はい。現在、「差が２４６以下の素数の組は無数に存在する」が証明されています。ただし、２４６が得られたのは二〇一四年のことであり、それ以降は進展が止まっています。今後すぐに動き出しそうな気配はありません。

リーマン　理論的に、この方法を進めて双子素数予想が解決できる可能性はあるのでしょうか。

小山　ある数学の予想が成り立てば、「差が６以下の素数の組は無数に存在する」までは、同じ方法で証明できることがわかっています。しかし、その先については全く方法が無いのが現状です。

リーマン　双子素数予想には届かないとはいえ、これは数学的に価値の高い研究成果に思えますね。「差が６以下の素数の組が無数に存在する」ことは、決して自明ではないですし、著しい定理だと思います。

小山　「七千万以下」が発見された二〇一三年は、「三項ゴールドバッハ予想」が解かれたのと同年でしたので、当時は世界の数学愛好家の間で話題になりました。私も何件かの取材を受けコメントを求められましたが、この二つの研究は、価値が全く異なるとの見解を述べさせてもらいました。

リーマン　いわば「三項ゴールドバッハ予想」が困難を避けた易しい問題であるのに対し、「七千万」の方は、困難に真っ向から取り組み突破口を見出した偉大な研究である、という感じでしょうか。

小山　その通りです。

リーマン　ヒルベルトの第八問題を構成する諸問題のうち、私の予想を除く各問題が、二十一世紀まで未解決である事情は良くわかりました。となりますと、第八問題はどれも全く解かれていない、総崩れ状態ということになりますか。

小山　残念ながら、そうなります。「問題がどこまで解かれたか」を数字で表すのは、難しいです。部分的な貢献や類似問題の解決をどう評価するかにもよりますので。しかし二十三問題を見渡してみますと、とりわけこの第八問題が進展の最も少ない問題の一つに数えられることは、間違いないですね。

リーマン　やはり、素数の謎は数学全体の中でも特異な深みを持っているのですね。それにしても、私の予想がそれほど手ごわいものだったとは。うすうす想像はしていましたが……。

小山　話を、二十一世紀に進めましょう。

リーマン　ヒルベルトの問題は二十世紀の数学に指針を与えるため、一九〇〇年の国際数学者会議で発表されたのでしたね。百年後の二〇〇〇年にも、国際数学者会議で問題が提唱されたのでしょうか。

小山　残念ながら、二〇〇〇年に国際数学者会議は開催されませんでした。その会議は四年に一度開催されるので、一九〇〇年に第二回が開催されてから二十五回後の第二十七回が二〇〇〇年に開催されるはずでしたが、二十世紀の中頃に第二次世界大戦という不幸な出来事があり、十四年間の未開催の時期があったのです。一九三六年にノルウェーで開催された次は、戦火が静まった後の一九五〇年のアメリカ開催まで待たねばなりませんでした。

リーマン　なるほど。そこで二年のずれが生じ、二〇〇〇年に開催されなかったわけですね。

小山　ヒルベルトの問題が一九〇〇年という節目に提唱されたことが、二十世紀の数学に絶大な影響を与えたと実感している数学者たちの間には、危機感が走りました。やはり、二〇〇〇年の節目に、今後の数学に指針を与えるようなメッセージを発信すべきではないかと考えた人は多かったようです。

リーマン　その気持ちはわかります。

小山　そうした状況下で発表されたのが「ミレニアム問題」です。

リーマン　それは国際数学者会議とは別のところから発信されたのですね。

小山　アメリカのクレイ数学研究所から二〇〇〇年五月に発表されました。

リーマン　クレイ数学研究所とは、どのような組織ですか。

小山　アメリカ人の実業家クレイ氏が一九九八年に設立した非営利組織です。クレイ氏の資産と寄付金で運営されている私立の財団で、数学者への研究助成や会合の主催などを行っています。

リーマン　世界の数学研究をリードする著名な研究所なのですか。

小山　いいえ。ミレニアム問題を発表する前は、国際的にはほとんど無名だったと思います。研究助成の応募先として一部の研究者には知られていたでしょうが。

リーマン　ミレニアム問題の選定は、どのようになされたのですか。

小山　クレイ氏が依頼した超一流の研究者からなる選考委員たちによってなされました。選考委員には、数学界で高い評価を得ている一流の数学者を招へいしたようです。ミレニアム問題選定当時のメンバーは非公開ですが、今現在公表されている研究所の委員には、数学の各分野の第一人者が名を連ねています。数論では、フェルマー予想の証明に成功したワイルス教授も入っています。

リーマン　ヒルベルトのように、一人のリーダーが決めたのではないのですね。

小山　数学は、二十世紀の百年間に細分化され、多岐にわたる発展をしました。二〇〇〇年の時点で、数学の全分野を独力で概観できる人材は存在しない状態になっていたと思います。

リーマン　一人の天才に頼る時代は終わったということですか。

小山　そうかもしれません。国際数学者会議で誰か一人が講演するよりも、私立の財団が巨費を投じて各分野のトップの研究者を集結させ、協議することが、次世代への指針を与える最善の方法だとも考えられます。

リーマン　そうやって選ばれたミレニアム問題の中に、私の予想が入ったのですね。

小山　はい。先ほども述べましたが、リーマン予想は、ヒルベルトの問題とミレニアム問題の双方に挙げられている唯一の問題です。

リーマン　ミレニアム問題は何題あるのですか。

小山　七題です。選定基準は「長期間未解決であり、かつ、甚大な影響力を持つ問題」です。ただし、実際に選定された問題の内容を見ると、ここで設けられている「長期間」という条件は、数十年以上という程度の意味であり、リーマン予想が別格の予想であることがわかります。

リーマン　比較的新しい問題も入っているのですね。

小山　七題のうちの四題は、二十世紀後半になってから提起されたものです。代数学の「ホッジ予想」、計算機科学の「$P \neq NP$ 問題」、数論の「バーチ・スィンナートン・ダイヤー予想」、数理物理学の「ヤン・ミルズ方程式と質量ギャップ問題」の四題です。これらに比べると、ポアンカレ予想という幾何学の問題は一九〇四年に提唱されましたから、古い方になりますね。しかしそれでも、リーマン予想より四十年以上も新しいです。唯一、流体力学の「ナビエ・ストークス方程式に関する問題」が、起源は古いと思います。

リーマン　ナビエもストークスも、十九世紀前半の数理物理学者ですし、そもそも、流体を数式で記述したいという欲求は、物理学が発祥したときからあったでしょうからね。

小山　ただし、ミレニアム問題は、ヒルベルトの問題と大きく異なる点があります。それは、何をどこまで解けば「解決」とみなされるか、その基準が厳格に定められていることです。

リーマン　そういう基準を求められる時代になったということですか。

小山　それもあるでしょうが、決定的な理由は、一問の解決に対して百万ドルという巨額の懸賞金がかけられていることです。

リーマン　それでは、判定基準が重要になりますね。

小山　そういう視点で見ると、ナビエ・ストークス問題は、発祥は古いのですが、部分的に解決されてきた歴史もあり、本質的に重要な未解決部分を抽出して問題の定式化がなされたのは、二十世紀後半以降だったと思われます。

リーマン　もともとの物理学の問題は、数学の出題としては漠然としていますからね。

小山　それに対し、リーマン予想は一八五九年にリーマン教授が提起されて以来、全く変わっていません。提唱された当時の命題が、少しも変わることなく、完全にそのままの形で後世に託される。数学に未解決問題多しといえど、こんな例はなかなかないと思います。

リーマン　そういう意味では、ゴールドバッハ予想や双子素数予想もそうですね。それらはミレニアム問題には選ばれなかったのですか。

小山　それらの予想とリーマン予想との決定的な違いは、影響力の大きさだと思います。ゴールドバッハ予想や双子素数予想は、数論研究者にとっては確かに興味深い対象ですが、他への影響が未知数です。今のところは、どちらかというと孤立している印象が強いと思います。それに対してリーマン予想は全く違います。代数学・幾何学・解析学、さらには物理学や計算機科学など、多方面への影響が計り知れません。

リーマン　私の時代には存在しない分野の計算機科学にまで影響があるとは、意外です。

小山　二十世紀以降、私たちはメッセージを電子的に交信するようになります。その際、盗み見されないように、送信文を数値に置き換え、その値をある計算式で別の数値に変換して送るようになります。これを暗号化といいます。

リーマン　暗号は、この十九世紀にもありますが、文字を並べ替えたりする程度のものです。未来の暗号は随分と高度な計算をするのですね。

小山　そこは計算機という機械が全部やってくれますから、人間は暗号化に適した計算式を指定すれば良いわけです。

リーマン　どのような計算式が用いられるのですか。

小山　巨大な整数を使った計算式です。そして、暗号化した文を解読する際、その巨大な整数の素因数が鍵となるような、そんな仕組みの計算式が用いられています。

リーマン　素因数を求めれば解読できる。ということは、素因数分解が容易にできないような、巨大な整数を用いるわけですね。

小山　二十一世紀初頭の時点では、だいたい二百から三百桁の素数を二個とり、それらの積を用いていました。これは約四百から六百桁の整数です。これを元の二個の素数の積に分解するには、最新の計算機を用いても、演算時間が百年以上かかります。

リーマン　百年以上ですか(笑)。それなら、実質的に暗号を破られる心配は無いのと同じですね。

小山　ただし、仮に将来、素因数分解の新手法が発見され、迅速に素因数を求められるようになれば、話は別です。もしそうなったら、世界中の商取引は破たんし、世の中は崩壊するだろうと言われています。

リーマン　もしかして、そこに私の予想が関係するのですか。

小山　そうです。リーマン・ゼータ関数はオイラー積表示からもわかるように、すべての素数の情報が入った関数です。リーマン予想が解決されれば、素数に関する未知の謎が解明されるので、もしかしたら、素因数分解の新しいメカニズムの発見に到るかもしれません。これはあくまで可能性であって、リーマン予想の結論から素因数分解の方法が直接得られるわけではありません。しかし、リーマン予想は今や、単に一つの関数 $\zeta(s)$ の表面的な性質とはみなされておらず、それにとどまらない多くの現象を反映した奥深い性質であると考えられています。リーマン予想の解決は、素数に関してこれまで想像もできなかった新たな事実をもたらすものと期待されています。

リーマン　それにしても、実社会に役立たない学問と思われがちな純粋数学、とくに素数の理論が、将来の人間社会の運命を左右するほどの存在になるとは、意外です。しかし、学問的に価値ある事実というものは、遅かれ早かれ何らかの形で人類に貢献するのかもしれませんね。

小山　これまで、ヒルベルトの問題とミレニアム問題を概観してきました。この二つに唯一共通しているのがリーマン予想であり、ミレニアム問題の中でも最も古くから定式化されていた問題であること。これらの事実から、リーマン予想が「数学最大の問題」とみなされている現状を、わかって頂けたと思います。

第五章　苦闘の歴史

小山　数学では一口に未解決問題と言っても、いろいろな意味合いがあります。全く手つかずで方針すら立たないものもあれば、途中まで解けていて、その方針を推し進めればいずれ解決すると思われるものもあります。

リーマン　私の予想はどれに属しますか？

小山　「リーマン予想のうち解決された部分の割合がどれくらいであるか」という議論は、良くなされますが、立場によって意見は異なるようです。

リーマン　というと？

小山　例を挙げて説明しましょう。リーマン予想は、

ゼータ関数のすべての非自明零点の実部が二分の一である

という予想です。ここで、「すべての非自明零点」については証明できないけれど、「四十パーセント以上の非自明零点」に関しては、実部が二分の一であることを証明した研究があります。

リーマン　四十パーセントですか。それはまた微妙な割合ですね。

小山　はい。その研究はアメリカのコンリーという数学者による一九八九年の業績です。すなわち、コンリーの定理は、

ゼータ関数の非自明零点の少なくとも四十パーセントは、実部が二分の一である

というものです。それより以前、一九五〇年代にセルバーグが「ある正のパーセント」について証明し、一九七〇年代にレヴィンソンがそれを「三十四パーセント以上」に改良しました。コンリーの研究はそれをさらに「四十パーセント以上」に高めたものです。

リーマン　私の予想のうち、四十パーセントが解決したように見えますね。

小山　ええ。確かに表面上はそのような記述になっています。ただ、残念ながら、この方法を推し進めても、予想の解決には至らないと考えられています。

リーマン　そうなのですか。

小山　当然、このパーセンテージを上げることができれば、リーマン予想の解決に近づくわけですから、コンリー自身も含め、多くの数学者がそれに挑戦しました。

リーマン　でも誰もできなかったと。

小山　はい。私は、ケンブリッジ大学のニュートン数理科学研究所に、コンリーと同僚の研究員として滞在していました。その期間、彼と私を含む三名の研究者で、大学が提供してくれた一軒の家をシェアして共同生活をしました。そのとき、当然この問題についても議論しましたが、やはり難しいという結論に達しました。

リーマン　将来もできないということですか。

小山　そうですね。厳密に言うと、パーセンテージを上げられないという言い方は正確ではなく、「上げられたとしても上がり幅がどんどん小さくなっていく」ということです。実際、コンリーはより最近になって、弟子たちとの共著論文で、彼自身の記録「四十パーセント」を改良した論文を書いています。しかしそのときに改善された幅は一パーセント未満という非常にわずかなものでした。

リーマン　目標が百パーセントであることと比較すると、四十パーセントの時点で小数点以下の改善しかなされないのは、微々たる進展であると言わざるを得ませんね。

小山　にもかかわらず、それに要した仕事は膨大であり、彼らの苦労は相当なものだったと聞いています。そこまで苦労してその程度の結果しか得られないとなると、今後、この方向で研究を引き継ぐ者は、なかなか現れないでしょうし、たとえ現れたとしても、リーマン予想の解決にどれだけ役立つか疑問です。

リーマン　もし、将来、四十パーセントが大きく改良されることがあるとすれば、それは全く異なる新規の方法によるものということになりますね。

小山　そこで、「現状でリーマン予想がどれくらい解かれているか」という話題に戻りますと、「全く解けていない」と考えるのが妥当だと思われるのです。

リーマン　表面的には四十パーセント解けたように見えても、元々この道には先がない。ある地点から先が行き止まりになっている袋小路をいくら進んでも、それでは未解決問題の解明にはつながらないというわけですね。

小山　もちろん「四十パーセントの非自明零点の実部が二分の一である」という定理は、それ自体、学術的に価値の高いものです。リーマン予想と独立に見ても、数学的に深い一つの定理であることは間違いありません。その意味で、コンリーらの研究の真価を否定するつもりは全くありません。

リーマン　ただ、「予想がどこまで解決したか」に対する答えとしては、彼らの研究は無力であろうと。

小山　そう思います。あと一点、そもそもこの方向の研究は、「予想の完全解決への過程」という観点で見たとき、本質的な問題を含んでいます。

リーマン　パーセントの定義がもともと含んでいる問題ですね。

小山　はい。ここで「パーセント」と呼んでいるのは、虚部の絶対値がT以下であるような非自明零点のうち、実部が二分の一であるようなものの割合をまず求め、そこで、$T\to\infty$として極限値を取ったものです。しかし、リーマン教授が証明されたように、非自明零点は無数に存在しますので、残念ながら「百パーセント」は「すべて」と同義ではありません。

リーマン　そうですね。私が論文「与えられた数より小さい素数の個数について」の中で示した定理の一つに、

虚部の絶対値がT以下の非自明零点の個数のオーダーは、$T\log T$である

というものがあります。この結論の式$T\log T$において$T\to\infty$とすれば極限は無限大になりますから、この結論から非自明零点が無数に存在することがわかります。

小山　一般に、要素が無限集合をなす場合、それらの「百パーセント」は「すべて」と同義ではありませんからね。

リーマン　そうですね。無限集合において「百パーセント」とは、その性質を満たす要素の割合の極限値が1であるということを意味しているに過ぎないわけですね。それはすなわち、反例となる要素の割合$F(T)$が、$T\to\infty$のときに限りなく0に近づくことであり、たとえ極限値がそうなっていたとしても、極限をとる過程で$F(T)$が正の値を取るようなTが一つでもあれば、その命題には反例があることになります。しかも、そういう反例は無数に存在することすらあり得ます。

小山　たとえば、自然数全体に占める素数の割合は零パーセントであり、合成数の割合は百パーセントです。これは先ほど話題に上った「素数定理」からもわかります。

リーマン　素数定理は、x 以下の素数の個数を $\pi(x)$ とおくと

$$\pi(x) \sim \frac{x}{\log x} \quad (x \to \infty)$$

という事実ですから、これを踏まえれば、T 以下の自然数のうち、素数の割合はほぼ「$(\log T)$ 分の一」です。したがって、$F(T) = 1/\log T$ となりますね。ここで $T \to \infty$ とすると、極限値が、$F(T) \to 0$ となりますから、自然数全体に占める素数の割合は零パーセントとなります。

小山　素数は零パーセントしかないのに、無数に存在して種々の魅力的な性質を持つわけですね。これを念頭におけば、百パーセントの要素に対してある命題が示せたとしても、それは素数のような、数学的に意義深い可能性のある無限個の要素の存在を無視していることになります。このことと、すべての要素に対して命題を示すこととは、かなり大きな隔たりがあります。

リーマン　その意味では、仮に将来、コンリーの四十パーセントを改良して百パーセントまで高めることができたとしても、なお予想の証明には遠いと。

小山　はい。「百パーセント」と「すべて」との間の隔たりを埋められる見込みは、今のところは全くありません。

リーマン　なるほど。この方向の研究はあくまで、予想を満たさないような零点、いわば反例の割合を、上から評価する、といったある種の不等式を証明しているに過ぎないわけですね。

小山　そうです。予想の解決に近づいたとみなされるためには、反例の個数 $F(T)$ が「ゼロあるいは有限」くらいの小ささであることを証明する必要がありますが、この研究方針でそのタイプの結論を得ることはできないでしょう。

リーマン　そうですね。

小山　以上のことから、コンリーの「四十パーセント以上の非自明零点の実部が二分の一である」という定理が「リーマン予想をどれくらい解明したと考えるべきか」という問いに対する答えが、見えてきます。

リーマン　「少しも解明されていない」ですね。

小山　はい。議論をまとめますと、そう断定できる根拠は二つあります。第一に、改良に限界がある袋小路に入っていること。第二に、仮に百パーセントに達したとしても、そこから予想の証明までにはさらに大きな隔たりがあり、その隔たりを埋められる見込みがないことです。

リーマン　コンリーらの研究は、私の予想が正しいという根拠（エビデンス）を与える意味では価値が高いものですが、いざ予想の証明という観点で見たときには、ほとんど役に立たないということですね。

小山　解析数論と呼ばれる分野で、このコンリーの研究以外にもリーマン予想を部分的に証明したとされる多くの結果があるのですが、それらの膨大な研究成果にもかかわらず、現状を一言で表現すると、「リーマン予想は全く解明されていない」と言わざるを得ません。それらのいずれもが、予想の根拠（エビデンス）を与えるのみであり、証明に関しては無力であると断ぜざるを得ないのです。

リーマン　その理由も、先にコンリーの定理に関して述べられたのと同様でしょうか。

小山　はい。先に述べた二つの理由は、コンリーの定理に限らず、一般の解析数論の研究成果に関してそのまま当てはまります。まず、第一の理由について、重要な例をもう一つ挙げて説明しましょう。

リーマン　第一の理由とは、証明可能な不等式の精度に限界があり、しかもその限界が、目指す真実からかなり遠く、目標のはるか手前で研究が袋小路に入ってしまうことでしたね。

小山　ゼータ関数に関する有名な未解決問題に、「リンデレーフ予想」があります。この予想は、二十世紀の初頭にリンデレーフによって提唱されて以来、百年以上も未解決のまま証明されていません。

リーマン　なるほど。リンデレーフとは、誰ですか。

小山　二十世紀の前半に活躍したフィンランドの数学者です。リンデレーフは、一九〇八年の論文で、リーマン・ゼータ関数の値が、実部が二分の一の線上において、虚部の任意の正べきオーダーで上から押さえられると予想しました。すなわち、任意の正の数 ε に対し、

$$\zeta\left(\frac{1}{2}+iT\right)=O(T^{\varepsilon})\qquad(T\to\pm\infty)\qquad(*)$$

が成り立つだろうという予想です。これを、**リンデレーフ予想**と呼んでいます。

リーマン　これは興味深い。実部が二分の一の線は、臨界線、すなわち、私がゼータ関数 $\zeta(s)$ のすべての非自明零点が並んでいることを予想した線であり、$\zeta(s)$ の関数等式の中心線でもあります。リンデレーフ予想は、臨界線上のゼータ関数の挙動を述べているのですね。

小山　実際、リーマン予想が成り立てば、リンデレーフ予想も成り立つことが知られています。したがって、リンデレーフ予想は、リーマン予想の成立の過程にあると解釈でき、「リーマン予想を弱めた形」と位置付けられています。リンデレーフ予想がリーマン予想よりも易しいはずであり、先にリンデレーフ予想が解けるはずだろう、と信じている研究者は多いです。

リーマン　ゼータ関数 $\zeta(s)$ の関数等式より、$\zeta(\sigma+iT)$ と $\zeta(1-\sigma-iT)$ がガンマ因子を除いて等しいことがわかりますから、一方についての挙動がわかれば、他方についても自動的にわかりますね。

リンデレーフ予想の研究は、リーマン予想研究の一部とされているのです。

小山　したがって、各 σ を固定して変数 T を動かした場合の挙動

$$\zeta(\sigma+iT) \quad (T \to \pm\infty)$$

を半平面 $\sigma \geq 1/2$ で求められれば、すべての σ に対して求められることになります。$\sigma = 1/2$ は、この半平面の境界線。すなわち、最も難しい最終到達点となっており、リンデレーフ予想はこの境界線におけるゼータ関数の値の大きさに関する主張です。

リーマン　オイラー積の絶対収束性より、$\sigma > 1$ のときはゼータ関数の値が有界、すなわち

$O(1)$ であることは明らかですから、

$$\zeta(\sigma + iT) = O(1) \quad (T \to \pm\infty)$$

が成り立つ。これは、リンデレーフ予想の式（＊）が、右辺の ε を0に置き換えても成り立つことを意味している。リンデレーフ予想とは、ε を0自体にはできないけれども0にいくらでも近い任意の正の数に対して（＊）が成り立つことを意味していますから、絶対収束域 $\sigma > 1$ とほぼ同等の評価が、境界 $\sigma = 1$ を越えて限界の $\sigma = 1/2$ まで成り立つことを主張していますね。

小山　はい。ε は任意の正数ですから、リンデレーフ予想は「どんなに小さな正の数 ε」に対しても成り立つことを主張しています。もし ε が0なら「有界」を意味することから、式（＊）が表す評価を、「ほとんど有界」と呼ぶ数学者もいます。

リーマン　リンデレーフ予想を、

ゼータ関数が臨界線上でほとんど有界

と表現すれば、確かにわかりやすいですね。

小山　そして複素関数論の一般論によって、ε が1/4よりも大きければ（＊）が成り立つことが、容易に証明できます。

リーマン　そうすると、評価式（＊）のεは、リンデレーフ予想では「任意の正数」で示したいわけですが、自明な評価として最初から「1/4より大きな任意の正数」では成り立つことがわかっているということですね。

小山　そうです。したがって、ここで出てきた1/4という数値を下げて行き、最終的に0まで下げることができれば、リンデレーフ予想が解決します。

リーマン　解析数論で、この数値1/4を下げる研究が行われていますか。

小山　はい。最初の結果は、二十世紀初頭のハーディとリトルウッドによる研究で、彼らは1/4を1/6に下げることに成功しました。その後、多くの数学者によって改良が試みられ、二〇一八年時点で最善の結果は、ボーゲンによる13/84 = 0.1548です。すなわち、13/84よりも大きな任意のεに対し、（＊）が証明されました。これまでになされた主な改善の歴史をまとめたものは、表3の通りです。

リーマン　なるほど。これを見ると、研究者たちの苦労がしのばれますね。

小山　ただ、ご覧になってお分かりのように、ハーディとリトルウッドによって初めて改善がなされてから約百年の間に、多大な努力による数多くの研究があったにもかかわらず、達成された改善幅はわずか0.01程度と、非常に微小になっています。

リーマン　そうですね。これが、先ほどから話題に出ていた、解析数論の諸研究が、本来の目標からかなり手前のところに限界を持っており、いわば袋小路に入ってしまっているということなのですね。

ε の限界値	人名（年代）
$\frac{1}{4}=0.25$	リンデレーフ（1908）
$\frac{1}{6}=0.1667\ldots$	ハーディとリトルウッド（年代不詳）
$\frac{163}{988}=0.1650\ldots$	ワルフィッツ（1924）
$\frac{27}{164}=0.1647\ldots$	ティッチマーシュ（1932）
$\frac{229}{1392}=0.164512\ldots$	フィリップス（1933）
$0.164511\ldots$	ランキン（1955）
$\frac{19}{116}=0.1638\ldots$	ティッチマーシュ（1942）
$\frac{15}{92}=0.1631\ldots$	ミン（1949）
$\frac{6}{37}=0.16217\ldots$	ハネケ（1962）
$\frac{173}{1067}=0.16214\ldots$	コレスニク（1973）
$\frac{35}{216}=0.16204\ldots$	コレスニク（1982）
$\frac{139}{858}=0.16201\ldots$	コレスニク（1985）
$\frac{32}{205}=0.1561\ldots$	ハックスレイ（2002）
$\frac{53}{342}=0.1550\ldots$	ボーゲン（2014）
$\frac{13}{84}=0.1548\ldots$	ボーゲン（2016）

表３．リンデレーフ予想への接近の歴史

小山　これに関連して、一つエピソードがあります。ロシアにクズネツォフという数学者がいます。二十世紀の後半に大きな業績を上げた著名な研究者ですが、彼が晩年、このリンデレーフ予想に関してεの境界値を八分の一まで改善できたとする論文を書きました。

リーマン　一気に八分の一ですか。それは大革新ですね。

小山　はい。もし正しければ、確かに大きな進展です。ただし、論文は膨大であり、査読をしてくれる人がなかなか見つからず、困ったことになってしまいました。私が聞いたところでは、世界各地のゼータ関数論の著名な研究者たちに査読の依頼が送られましたが、引き受け手がいなかったそうです。

リーマン　そんなに膨大な内容だったのですか。

小山　論文の膨大さや計算の複雑さも確かにありましたが、査読の引き受け手が見つからなかった最大の理由は、結果の信ぴょう性が低かったためだと思われます。

リーマン　一足飛びに「八分の一」に至った成果が、良過ぎて信じてもらえなかったということでしょうか。

小山　はい。研究成果が革新的であるのに反し、証明の中に人々を納得させる画期的な発想が示されていなかったということでしょう。その分野に精通した誰が聞いても、第一印象で「間違っている可能性が高い」と思ってしまえる論文だったということです。

リーマン　どこか斬新なのか、なぜこれまでに得られなかった革命的な進展を得ることができたのか、そのアイディアの解説は大切ですからね。

小山　査読の過程は非公開ですので、これはあくまでも噂ですが、一度は査読で誤りが見つかり指摘されたという話も聞きました。しかし、クズネツォフはその誤りを修正したと主張し、再度投稿してきたそうです。

リーマン　そうなると、再度の査読を引き受けてもらうのは、難しいかもしれませんね。

小山　ええ。これがもし並みの数学者の原稿だったら、門前払いを食っていたところでしょう。クズネツォフが著名な業績のある数学者だったことから、無碍にするわけにもいかず、業界では問題になりました。

リーマン　結局、どうなったのですか。先ほどの表から漏れているところを見ると、その業績は認められていないのですね。

小山　はい。いまだに査読中であるか、もしくはさらなる誤りが指摘されて修正中であるか、いずれにしても、業績は認められていません。このエピソードは、リンデレーフ予想がクズネツォフのような一流の数学者さえも夢中にさせてしまう魔力を持っていることを、表しています。

リーマン　では、仮に、リンデレーフ予想が解決したとして、その先の話はどうなるのでしょうか。本来の、私の予想の解決までは、どれくらいの距離がありそうですか。

小山　そのことが、先ほど述べた「リーマン予想が少しも解かれていない」とみなされる第二の理由に関連します。

リーマン　やはり、全く解かれていないとみるべきなのでしょうか。

小山　一九一八年に発表された「バックルントの定理」というものがあります。これによると、リンデレーフ予想は、任意の正の数εに対し、次の命題が成り立つことと同値になります。

実部が $\frac{1}{2}+\varepsilon$ 以上で、虚部がT と$T+1$ の間であるような非自明零点の個数は

$$o(\log T) \quad (T\to\infty)$$

この記号oは小文字のオーであり、$\log T$ よりも真に小さなオーダーであることを表します。$\log T$ 自身を含まないところが、大文字のO記号と異なります。

リーマン　私の予想は、この命題で述べられている非自明零点の個数が0であることを意味していますから、それと比較すると、リンデレーフ予想は、私の予想を満たさない非自明零点の存在を、幅一の各区間に対して$\log T$個の少し手前まで許していることになりますね。

小山　そのことから、当然、リーマン予想を満たさない例外的な零点が無数に存在し得ることになりますし、その上、Tを大きくしていけば、例外的な零点がどんどん密に分布していくことになりますので、リンデレーフ予想は、リーマン予想よりもかなり弱いことがわかります。

リーマン　なるほど。そして、そのギャップを埋める方法は知られていないのですね。

小山　はい。解析数論の研究の大勢は、リンデレーフ予想に向けた進展、それも、予想の解決という最終目標に比較すると、ごく微々たる進展のために力を注ぐのみであり、その先のリーマン予想との関連を追求した研究は、目にしたことがありません。

リーマン　そうすると、仮にリンデレーフ予想が解けても、そこから私の予想が解ける見込みは低いと。

小山　そうなります。以上をまとめますと、過去の解析数論においてなされたリンデレーフ予想に関する膨大な研究成果は、残念ながら、リーマン予想の解決に寄与しないであろうと考えられます。その根拠は二つあり、第一に、証明可能な評価式が、本来の目標のはるか手前に限界を持つこと、第二に、仮にリンデレーフ予想が証明されても、そこからリーマン予想の証明に至る見通しが全く立たないことが挙げられます。

リーマン　その二つの根拠は、先ほどコンリーの定理に関する考察で得たものと同じですね。

小山　はい。まさに、この分野の研究の閉塞感、従来の解析数論的な手法の限界を、如実に表していると考えられます。百五十年余りにわたる人類の努力が、これほどまでに全く報われないのは、現代数学の全分野を見渡しても珍しいことです。

リーマン　なるほど。そこで、数学を抜本的に構築し直すことが必要になるわけですね。

小山　はい。以上に述べた状況から、単に解析数論という分野の方向性が誤っているのではなく、数学そのものの構造に問題があるのではないかという疑いが生じます。数学に未解決問題多しといえど、人類をそこまで反省させる問題は、なかなか他にないでしょう。現代数学において、リーマン予想は、他の未解決予想とは別格であると言われますが、その背景には、こうした事情があるのです。

第三部　解決に向けた道

第六章　セルバーグ・ゼータ関数

リーマン　二十世紀、二十一世紀を通して、私の予想を証明しようとしてきた試みが、いかに困難なものであったか、よくわかりました。

小山　これだけ膨大な努力が全く報われないということから、この方向で研究をこのまま進めても、予想の完全解決の道は遠いと思えます。何か全く新しい予想の捉え方や定式化、あるいは、数学自体の根本的な欠陥を見出して新たな数学を構築するくらいの、原点に立ち返った研究が必要になりそうです。

リーマン　そうした試みがあるのでしょうか。

小山　いくつか提唱されています。はじめに「セルバーグ・ゼータ関数」を挙げたいと思います。

リーマン　セルバーグとは、先ほどコンリーの「四十パーセント」の話題のときに、それに先駆けて「正のパーセンテージ」を最初に証明した、あのセルバーグですか。

小山　はい。セルバーグは、二十世紀中盤から二十一世紀初頭に活躍したノルウェー生まれの数学者です。一九五〇年代に、セルバーグは「リーマン予想を満たすようなゼータ関数の族」を発見しました。その族の元は「セルバーグ・ゼータ関数」と呼ばれています。

リーマン　それは興味深いですね。しかし、私の予想が解かれていないということは、そのセルバーグの発見した族の中に、私のゼータ関数が属していなかったことになりますね。

小山　はい。現状では、リーマン・ゼータ関数は、セルバーグ・ゼータ関数に属していません。もし、属することが示されれば、それすなわち、リーマン予想の証明となります。

リーマン　なるほど。では、セルバーグ・ゼータ関数とは、どのようなものですか。

小山　それが、リーマン教授が創造されたもう一つの偉大な概念である、「リーマン面」のゼータ関数なのです。

リーマン　何ということでしょう。それは奇遇ですね。では、セルバーグ・ゼータ関数は、整数や素数と無関係に、むしろ幾何学的に定義されるのですね。

小山　そうです。素数の代わりに、素数の類似物をリーマン面上に見出すのです。リーマン面Mに対し、M上の素な閉測地線を「素測地線」と呼び、素数の類似物とするのです。

リーマン　測地線とは、局所的に距離が最小となるような曲線のことですが、そのうち閉じた曲線のみを考えるわけですね。

小山　リーマン面にはリーマン計量が定まり、距離が定義できますので、そのような概念が定まります。

リーマン　閉測地線が「素である」とは、どういうことですか。

小山　一周のものを「素」と呼びます。これを素数の類似とみなし、例えば二周のものは素数の二乗に当たるとみなすのです。リーマン・ゼータ関数は、素数にわたるオイラー積ですが、その類似を作ったものがセルバーグ・ゼータ関数です。

リーマン　セルバーグ・ゼータ関数は、素測地線にわたるオイラー積として定義されるわけですね。その際、素測地線という図形的対象を、どのように数値化して数式に入れるのですか。

小山　素測地線の長さを用います。素測地線 p の長さを $l(p)$ と置き、素測地線のノルムを「自然対数 e の $l(p)$ 乗」と定義します。長さが正であることから、ノルムは1より大きな実数となりますので、これを素数の大きさの代わりに用いて、オイラー積を作ったものが、セルバーグ・ゼータ関数です。

リーマン　私が定義したゼータ関数は、

$$\zeta(s) = \frac{2^s}{2^s-1} \times \frac{3^s}{3^s-1} \times \frac{5^s}{5^s-1} \times \frac{7^s}{7^s-1} \times \cdots.$$

すなわち、

$$\zeta(s) = \prod_p \frac{p^s}{p^s-1}$$

という無限積で、p は素数の全体をわたっていましたが、セルバーグ・ゼータ関数はノルム $N(p) = e^{l(p)}$ を用いて

$$\zeta_M(s) = \prod_p \frac{N(p)^s}{N(p)^s - 1}$$

という無限積として定義するわけですね。

小山　はい。ただし M はリーマン面であり、p は閉測地線の全体をわたります。$\zeta_M(s)$ は、必ずしも任意のリーマン面 M に対して定義されるわけではありません。M の曲率が負のときのみ定義されます。

リーマン　曲面上の点 x における曲率とは、大雑把に表現すれば、x を通る向きの異なる二曲線の2階微分の積、すなわち、二曲線の凹凸が一致していれば曲率は正、異なっていれば負となるので、曲率が負の点 x の回りでは、曲面 M は馬の鞍のような形状をしていますね。

小山　測地線とは、局所的に道のりが最小になるような曲線のことですから、閉測地線を描くには、面上に輪ゴムをはめる様子を思い浮かべれば良いですね。球面に輪ゴムを掛けると、球面上に固定できるのはちょうど大円であるときに限られます。それ以外の場合は、輪ゴムが固定されず収縮してしまいます。

リーマン　球面の測地線の集合は、大円の全体に一致し、それらは閉測地線になっているというわけですね。

小山　M がユークリッド平面のときは、測地線とは直線のことですから閉測地線は存在しません。また、M が球面の場合、測地線とは大円のことですから、非可算無限個存在してしまい、オイラー積そのものが定義できません。しかし、M として曲率が負であるような曲面を考えますと、閉測地線が無数に存在し、なおかつ、その濃度が可算無限であることがわかります。負曲率の面は鞍のような形なので、輪ゴムがぴたっと固定されてしまい、連続的にずらせません。そのため、測地線が離散的にしか存在せず、結果として可算無限個になります。

リーマン 素測地線が可算無限個しかないから、素数の場合と同様にオイラー積が定義できるわけですね。

小山 そして、そのオイラー積の収束性も証明できます。そこで以下、Mとして曲率が負のリーマン面を考え、簡単のため、曲率が負の一定値を取るとします。

リーマン すると、この新たなゼータ関数$\zeta_M(x)$が、私の予想を満たすというわけですか。

小山 はい。実際に、$\zeta_M(x)$の非自明零点の実部は、有限個の実零点を除いて、すべて$-1/2$であることが証明されます。元来のリーマン予想で述べられている$1/2$でなく、それにマイナス符号をつけた$-1/2$である点が、少し異なっています。実は、$\zeta_M(x)$には、非自明零点だけでなく「非自明極」も無数に存在し、そちらの実部は、有限個の実数の例外を除いて$1/2$となっています。今、「極」を、「位数が負の零点」とみなし、零点と極を合わせて「零点」と総称すれば、リーマン予想は「すべての非自明零点の実部が半整数である」と、一般的に表現できます。ここで「半整数」とは、整数の二分の一の形をしている有理数のことです。すべての整数は半整数でもあります。

リーマン 私が定義したゼータ関数は、半整数のうち$1/2$だけが登場していたというわけですね。

小山 はい。あと、$s=1$という極を、位数がマイナス1の零点とみなせば、それも半整数ですから、極も含めてリーマン予想の一部とみなすことも可能です。

リーマン　もう一つ気になるのは、セルバーグ・ゼータ関数が予想を満たすとき「有限個の実数の例外を除いて」という条件が付くことです。これはどういうことですか。

小山　これについては、後ほど詳しく述べたいと思います。セルバーグ・ゼータ関数としてはこの「有限個の実数の例外を除く」条件が付きますが、元来のリーマン・ゼータ関数は、実数の非自明零点が存在しないことが証明されていますので、元来のリーマン予想の解決という視点で見れば、この条件は問題ありません。

リーマン　なるほど。これで、もし私のゼータ関数が、セルバーグ・ゼータ関数に属することが示されれば、私の予想も完全に証明できることがわかりました。

小山　では、セルバーグ・ゼータ関数がリーマン予想を満たす理由を説明しましょう。その根拠は、跡公式と呼ばれる恒等式にあります。

リーマン　跡とは、行列や作用素のトレースのことですか。

小山　そうです。トレースには二通りの表示があります。

リーマン　「固有値の和」と「対角成分の和」ですね。

小山　そうです。(i,j) 成分が $A(i,j)$ である n 次正方行列 A の固有値を $\lambda_1,\ldots,\lambda_n$ とおけば、トレースを二通りに表すことにより、

$$\sum_{l=1}^{n} \lambda_l = \sum_{i=1}^{n} A(i,i)$$

が成り立ちます。セルバーグの理論では、行列の無限次元版である「作用素」、たとえば、M上の関数 $f(z)$ に作用する積分作用素

$$L: \quad f(z) \longrightarrow \int_H k(z, z')f(z')dz'$$

を考えます。これは、無限次の行列に相当するものです。

リーマン　Hとは何ですか。

小山　複素上半平面です。先ほど、Mの曲率が負の一定値をとることを仮定しました。この仮定により、MをHに埋め込むことができ、いわばHの一部とみなすことが可能になるのです。そして、Hの任意の点は、Mの点zと、Hに作用する群Γの元 γを用いて γz と一意的に表されます。

リーマン　Mを、Γの作用によって移動したり裏返したりして、Mのコピーを無数に作ってH内を敷き詰めていき、Hを埋め尽くす感じですね。

小山　そして、任意のzと任意のγに対して $f(z) = f(\gamma z)$ と定めることにより、M上の関数$f(z)$を、H上の関数とみなすことができます。Γの作用によって定義域を広げたということです。そうすると、積分作用素の定義式も

$$L: \quad f(z) \longrightarrow \sum_{\gamma\in\Gamma} \int_M k(z, \gamma z')f(\gamma z')dz'$$

と、Γの元 γにわたる和として表されます。

リーマン　先ほど「無限次の行列」と言われたのは、次のような意味でしょうか。H上の点 z と z' は連続変数ですが、これが仮に $z, z' = 1, 2, 3, \cdots$ という離散的な値をわたるとしたら積分は和となり、z, z' を i, j と記号を変えて表せば、積分作用素は、第 i 成分が $f(i)$ であるベクトルに、(i, j) 成分が $A(i, j)$ である行列を掛けた積の定義式

$$f(i) \longrightarrow \sum_{j=1}^{n} A(i, j) f(j)$$

と同じになると。

小山　すなわち、積分核の二変数関数 $k(z, z')$ は、無限次行列の第 (z, z') 成分を表しているとみなせばわかりやすいです。この状況で、先ほど述べたトレースの二通りの表示を考えるわけです。

リーマン　二通りのうち「対角成分の和」はすぐにわかります。対角積分ですね。

小山　式で書くと、

$$\sum_{\gamma \in \Gamma} \int_M k(z, \gamma z) dz$$

となります。

リーマン　もう一方の「固有値の和」は難しそうですね。

小山　そこでいよいよ、セルバーグ理論の主定理が登場します。以下の定理です。

M上の積分作用素の固有値は、M上のラプラシアンの固有値の関数として表せる。

リーマン　これは興味深い。積分作用素が、積分核 $k(z, z')$ によって定義されるとすると、その固有値は、$k(z, z')$ から定まる関数 $h(\lambda)$ にラプラシアンの固有値 λ_n $(n = 1, 2, 3, \ldots)$ を代入した $h(\lambda_n)$ となるわけですね。

小山　したがって、トレースのうち「固有値の和」の方は、「ラプラシアンの固有値にわたる和」として表されます。以上で得た二つの表示をつないだ

$$\sum_{n=1}^{\infty} h(\lambda_n) = \sum_{\gamma \in \Gamma} \int_M k(z, \gamma z) dz \qquad (**)$$

が、セルバーグの跡公式です。なお、関数 $h(\lambda)$ は積分核 $k(z, z')$ から具体的に計算可能であり、$k(z, z')$ のセルバーグ変換と呼ばれます。

リーマン　セルバーグ跡公式は恒等式であり、関数 $h(\lambda)$ や積分核 $k(z, z')$ を与えるたびにいろいろな等式が得られるわけですね。

小山　そこで、ある特別な $k(z, z')$ を考えますと、ちょうど（＊＊）の右辺が「セルバーグ・ゼータ関数の対数微分」に等しくなるようにできるのです。

リーマン　なるほど。そのときセルバーグ跡公式から、自動的にセルバーグ・ゼータ関数の別の表示が得られるわけですね。（＊＊）の右辺がゼータの対数微分であるということは、一度対数をとる過程で積が和になっていますから、（＊＊）の左辺の「ラプラシアンの固有値に

わたる和」は、ゼータ関数の式でいうと「ラプラシアンの固有値にわたる積」に相当しますね。

小山　その形を具体的に書くと、セルバーグ・ゼータ関数の表示が以下のように得られます。

$$\zeta_M(s) = \prod_{n=1}^{\infty} \frac{\lambda_n + s(1+s)}{\lambda_n - s(1-s)}$$

ただし、この等式は、いくつかの煩雑な項を省略し、簡略化したものです。分母と分子は s の2次式ですから、ゼータ関数の零点や極は、x の2次方程式を解くことで求められます。零点は

$$s = -\frac{1}{2} \pm \sqrt{\lambda_n - \frac{1}{4}}\, i$$

極は

$$s = \frac{1}{2} \pm \sqrt{\lambda_n - \frac{1}{4}}\, i$$

となります。

リーマン　もし、根号の中身が正、すなわち、ラプラシアンの固有値が四分の一よりも大きければ、零点の実部がマイナス二分の一、極の実部が二分の一となり、共に半整数ですので、私の予想が成り立つことになりますね。

小山　ラプラシアンの固有値列は、正の無限大に発散する増大列であることが証明されています

ので、四分の一よりも小さな固有値は、仮にあったとしても有限個です。これら有限個の例外を除けば、リーマン予想が証明されたことになります。

リーマン　それら有限個の例外に関しては、根号の部分が純虚数になりますから、零点や極は実数になるのですね。これより、例外零点は必ず実数になるという、先ほどの結論が出ますね。

小山　以上が、セルバーグ・ゼータ関数がリーマン予想を満たすからくりです。

リーマン　いったん素数を離れ、幾何学的な曲面から出発して、数論が目指す究極的な結論と同じ形に到達したのは、興味深いですね。このことは、何か、より深い示唆を与えているようにも思えますね。

小山　はい。現状ではセルバーグ・ゼータ関数がリーマン・ゼータ関数になるようなMは見つかっていませんが、これまでに考えられていないMを精査していけば、そのうちリーマン予想が解ける可能性があります。

リーマン　解決に至る見込みはどうなのですか。

小山　少なくとも、通常の意味でのリーマン面や、その高次元化である有限次元リーマン多様体を考えても、ダメであることがわかっています。当然、簡単に解けるようなものではありません。しかし、従来なされてきた研究のように袋小路に入っているわけではないですし、研究成果に明らかな限界があることもなく、広大な視界が開けているのは感じられます。

リーマン　通常の多様体ではダメだとすると、多様体の概念自体を拡張し、新たな概念を発見する仕事になるのでしょうから、確かに広大な話ですね。

小山　こうした方向の研究は、先に述べてきたような解析数論の研究と異なり、途中の成果が数値で表されて小刻みに出てくるわけではないので、業績を要求される研究者、特に若い研究者が取り組むにはリスクがあるかもしれませんが、一人でも多くの人々がこうした方向に興味を持ってくれると良いと思います。

リーマン　もし、そのような多様体Mを発見できれば、それは、数論のすべてを知る「究極の多様体」なのでしょうね。大変に魅力的な研究方針ですし、私の予想が、後世の数学者たちに、究極の多様体を探す旅を提供するのだとすれば、これほど嬉しいことはありません。

第七章　絶対数学

小山　もう一つ、数学を根源的に構築し直す方法として、絶対数学があります。

リーマン　ほう。「絶対数学」ですか。それは興味深い。

小山　最近、絶対数学を使って、リーマン教授の二つの積分表示の統一がなされました。これは、黒川信重教授による発見ですが、リーマン教授の例の論文が世に出て以来、百五十年ぶりの進展と言って良いと思います。リーマン教授の第一、第二積分表示に登場する関数 $f_1(x)$, $f_2(x)$（図8）は、絶対保型形式という概念を使うと、統一的に理解できます。

リーマン　絶対保型形式ですか。それはどういうものですか。

小山　定義は単純で、図13に示すように、逆数を取る操作との合成関数が、元の関数とある綺麗な関係式を満たすような関数のことです。この性質が絶対保型性です。そして、この関係式に現れる整数 D を、絶対保型形式の「重さ」といいます。また、C は ± 1 ですが、多くの場

$C=\pm 1$, $D\in\mathbb{Z}$ に対し，集合

$$A(C,D)=\left\{f:\ \mathbb{R}_{>0}-\{1\}\longrightarrow\mathbb{C}\mid f\left(\tfrac{1}{x}\right)=Cx^{-D}f(x)\right\}$$

の元 $f(x)$ を，絶対保型形式という．

例１． $f_1(x)=\frac{1}{x-1}\in A(-1,-1)$.

例２． $f_2(x)=\sum_{m=-\infty}^{\infty}e^{-\pi m^2 x}\in A\left(1,-\frac{1}{2}\right)$.

絶対保型形式 $f(x)$

$$\Longrightarrow\quad Z_f(w,s)=\frac{1}{\Gamma(w)}\int_1^\infty f(x)x^{-s-1}(\log x)^{w-1}dx$$

$$\Longrightarrow\quad \zeta_f(s)=\exp\left(\frac{\partial}{\partial w}Z_f(w,s)\Big|_{w=0}\right)$$

図 13．絶対ゼータ関数

合は1ですので、通常はあまり気にする必要はありません(図13上)。

リーマン　そうすると、私の第一積分表示で用いた関数 $f_1(x)$ は重さマイナス1の絶対保型形式であり、第二積分表示で用いた関数 $f_2(x)$ は、重さマイナス二分の一の絶対保型形式ということになりますね。

小山　そうです。一般に、絶対保型形式 $f(x)$ があると、$Z_f(w,s)$ という関数を構成でき、そこから、ゼータ関数 $\zeta_f(s)$ を定義できます(図13下)。この手順は、二十世紀に発達した保型形式論の定番です。通常は、もっと複雑な変換群に関する保型性を考え、それに関する保型形式からこの手順で出てくるゼータ関数が、ラングランズ哲学

でも登場した「保型形式のゼータ関数」となります。

リーマン　なるほど。通常の保型形式論は、私の二つの積分表示を含んでいなかったというわけですね。ただし、構造は似ていたと。

小山　正確に言うと、関数 $f_1(x)$ をも統一した枠組みで扱う理論は、これまで存在しませんでした。関数 $f_2(x)$ の方は、テータ関数として通常の保型形式の理論に含まれていましたが、保型形式論が膨大な理論に発展したにもかかわらず、既成の整数論は、最も基本的な研究対象であるべきリーマン・ゼータ関数が、どこにどのように含まれるのか不明瞭であり、わかりにくいことになっていました。絶対保型形式の発見によって、その辺りが明瞭になりつつあります。

リーマン　そもそも、絶対数学とはどのようなものですか。

小山　絶対数学は、整数論だけでなく数学の各分野から自然に発達してきた新しい数学で、その起源や必然性にはいくつかの説明が可能であると言われています。私たち整数論の立場としては、リーマン予想を解決する方針として必然的に現れるのが絶対数学であると感じられます。

リーマン　なるほど。予想を解決する方針は立っているのですか？

小山　一つの方針は、ゼータ関数における「多重化」を用いることです。リーマン予想は二十世紀に入ってから多岐にわたって一般化が考察されましたが、その代表的なものが「正標数類似」あるいは「関数体類似」と呼ばれるものでした。そこでは、通常の整数の代わりに、有限体の元を係数に持つような多項式を考えます。整数の素因数分解に対応して、多項式の因数分解を考えると、素数という概念の代替物が既約多項式となり、通常の整数論と類似の理論を構築できます。

リーマン　ほう。それで、ゼータ関数の類似も定義できるのですか。

小山　はい。それらはハッセ・ゼータ関数の一種となります。そして、それに対してもリーマン予想に類似の事実が成り立つと考えられ、「ヴェイユ予想」と名付けられました。

リーマン　ということは、ヴェイユ予想は証明され、その証明が、「ゼータの多重化」を用いているわけですね。

小山　そうです。多重化の重要な性質は、もしそれがm重化ならば、ゼータ関数の零点もm倍になるということです。たとえば、ゼータ関数が零点 $s=\rho$ を持てば、二重ゼータ関数は $s=2\rho$ を零点に持つというように。

リーマン　なるほど。そういう性質を持つような多重ゼータ関数を、まず構成するわけですね。

小山　はい。それができれば、以下に述べる方針でリーマン予想を証明できます。仮にリーマン予想を満たさないような例外的な零点が一つでもあったとします。すると、その零点は臨界線である「実部が二分の一」の線上に無く、臨界線からある距離を隔てているわけです。その距離は、その零点のm倍の点に関しては、m倍に増幅されます。ここで、mをどんどん大きくしていくと、この増幅がひどい規模になり、いずれ、m重ゼータの零点に関してあらかじめ自明にわかっている事実に矛盾します。こうして、そのような例外的な零点が存在しないことが示せるのです。

リーマン　ということは、そんな性質を持つ多重ゼータ関数が、「正標数類似」あるいは「関数体類似」のハッセ・ヴェイユ型ゼータ関数について構成でき、それによってヴェイユ予想が解決できたというわけですか。

小山　ええ。その場合の多重化は、係数体である有限体の上でテンソル積を考えることで実現されました。そこで、本来のリーマン予想を解決するために、整数環の多重化を定義したいという方針が立ちます。ところが、もともと有限体という係数体から出発したヴェイユ予想の場合と異なり、整数環には係数体がありません。

リーマン　そうですね。係数体がないので、どうやってテンソル積を取ればよいのか、わかりませんね。

小山　ただ、リーマン予想が成り立つと考えられる以上、それを証明できる何らかの構造を整数環が持っていると想定されます。そこで、従来の「係数体」の意味を多少広げた上で、整数環の「広義の係数体」となるような代数的な対象を「一元体」と名付け、すべての数学を一元体上で再構築しようと試みているのが、絶対数学です。先に述べた二種の積分表示の統一的な解釈も、そうした考察によって得られた結果なのです。

リーマン　すべての数学的対象を、一元体を係数体とする関数のようにみなすわけですね。

小山　実際、「一元体上の加群」が「集合」と同義であり、「一元体上の多元環」が「モノイド」と同義であると考えられています。

(A) リーマン・ゼータ関数の p 因子

$$\exp\left(\sum_{m=1}^{\infty}\frac{p^{-ms}}{m}\right)$$

(B) 二重リーマン・ゼータ関数の (p,q) 因子 ($p \neq q$ のとき)

$$\exp\left(\frac{1}{\pi i}\sum_{m=1}^{\infty}\sum_{n=1}^{\infty}\left(\frac{p^{-m(s-1)}q^{-n}\log p}{n(m\log p - n\log q)} - \frac{p^{-ms}q^{-n}\log p}{n(m\log p + n\log q)}\right)\right)$$

図14. リーマン・ゼータ関数の二重化

リーマン　そうやって、一元体を係数体とみなせば、一元体上のテンソル積を構成することにより、ゼータの多重化が実現できるという方針ですね。その研究はどれくらい進んでいますか。

小山　多重ゼータが、元のゼータの零点の和を零点として持つことから、そのような多重ゼータを解析的に構成する研究が進んでいます。それは「黒川テンソル積」と呼ばれており、現状では一元体上のテンソル積のゼータ関数を求める唯一の方法です。

リーマン　二重ゼータ関数は、具体的にどのようにかけるのですか。

小山　リーマン・ゼータ関数が素数にわたる積として表された事実の一般化として、その二重化である二重リーマン・ゼータ関数は、「二つの素数の組」にわたる積として表されます。その具体的な形は、小山・黒川によって二〇〇五年に初めて計算され、その後、二〇〇九年に赤塚広隆によって改善されました。ここでは、二〇〇九年に赤塚広隆による結果を図14として示します。

リーマン　(A)の方は、通常のゼータ関数のオイラー積の因子を、敢えて exp の形に書き直したものですね。これは、(B)の二重リーマン・ゼータ関数との比較のためですね。

小山　expの中身は、普通なら対数の形になるはずであり、実際に(A)では、対数関数のテイラー展開の形になっています。これに対し、二重リーマン・ゼータ関数のオイラー因子は、素数の組(p, q)に対して、(B)のようになります。これは「多重対数関数」いわゆる「ポリログ」と呼ばれるものの変形です。

リーマン　問題は、素数の組にわたるこれらの積の解析的性質ですね。

小山　無限積は収束すれば非零ですから、元の絶対収束域から直ちに得られる自明な収束域より少しでも広い範囲で、この二重オイラー積の収束性が示せれば、リーマン予想への直接的な進展が得られます。ただ、残念なことに、(B)は、見ての通りの複雑な形であり、現状では、二重オイラー積の収束域の特定に成功した研究はありません。

リーマン　先ほど、「私の予想がかくも長きに渡って未解決なのは、進む方向を間違えているか、あるいは数学自体に欠陥があるのかも知れない」と言いましたが、まさに、その軌道修正が絶対数学なのですね。

小山　はい。絶対数学のように地に足を付けた形で数学を再構築することにより、リーマン予想だけでなく、ABC予想のような未解決問題も解決されつつあります。

リーマン　ABC予想とは、何ですか？

小山　整数の和と積の独立性に関する予想です。

任意の $\varepsilon > 0$ に対し，ある定数 $K(\varepsilon) \geqq 1$ が存在して，次を満たす：
a, b, c が互いに素な整数で $a + b = c$ を満たすならば，不等式

$$\max\{|a|, |b|, |c|\} < K(\varepsilon)\,(\mathrm{rad}(abc))^{1+\varepsilon}$$

が成立する．ただし，$\mathrm{rad}(abc)$ は，整数 abc のすべての素因数を 1 乗ずつ掛けた積を表す．

図 15．ABC 予想

リーマン　ほう。それは興味深い。「双子素数予想」に近い感覚でしょうか。

小山　そうです。双子素数予想は、「素数」という乗法的な性質が「差が2」という加法的な概念に影響されないという、いわば乗法と加法の独立性に根差した予想ですね。ABC予想は「小さな素数の高いべき乗」という乗法的な性質を持った整数がAとBの二つあるとき、それらの和Cは、もはやそういう性質を持たないだろうという予想です。

リーマン　なるほど。確かに成り立ちそうな命題ですが、予想の定式化は大変そうですね。

小山　はい。図15のように、少しわかりにくい形で述べられます。この予想は、一九八〇年代に提出され、三十年以上も未解決でしたが、最近、望月新一教授により解かれつつあり、その証明には絶対数学の考え方が用いられていると言われています。

リーマン　なるほど。この不等式は、仮に a と b が小さな素因数しか持たないとした場合、その和 c がある程度大

きな素因数を持つ事実を表していますから、先ほど述べられた「足し算と掛け算の独立性」を表現していると言えますね。このような整数の本質を表す命題が証明できることは、絶対数学の方向性の正しさを物語っていると思えます。

小山　リーマン教授などが十九世紀になされた研究成果は、二十世紀に「一般化」という方向で拡散されました。数論における関数体類似もその一例です。その結果、数学は大きく発展しましたが、その一方、根っこがわからなくなってしまった感が否めません。ヴェイユ予想は証明され、確かにそれは素晴らしい業績でしたが、なぜ関数体類似においてリーマン予想と同じ命題が成り立つのか、その根源的な理由は未解明であり、ほとんど考察されたことがありません。しかし、実は、そこにリーマン予想解決の鍵があるのかも知れません。

リーマン　そうでしょうね。数学において、二つの体系で全く同じ命題が成立するのが、偶然であるはずがありません。より根本的な理由があるはずだという絶対数学の主張は当然であり、この方向で私の予想が証明されることを願っています。

第八章　深リーマン予想

リーマン　私は、ゼータ関数がある領域で非零であることを予想しましたが、一般に、ゼータ関数が非零であることを証明する方法は、オイラー積の収束性を用いるのが、最も正当であるように思えますね。

小山　実際、これまでに得られているリーマン・ゼータ関数の非零領域は、実部の値で言うと、1より大きいところであり、それはオイラー積の絶対収束域であり、証明もオイラー積の収束性を用いるのがほとんど唯一の方法と言って良いと思います。

リーマン　また、先ほどのドリーニュの臨界領域の幅を特定した研究も、基本的にはオイラー積の収束に相当する「自明な非零領域」を拡張した研究であるようですし、二重リーマン・ゼータ関数について問題となるのも、二重オイラー積の収束性ですね。

小山　そうした考察から、リーマン予想を考える上では、オイラー積が重要であろうと思われます。実は、オイラー積が、もっと本質的にリーマン予想に絡んでいることが、二十世紀の後半から二十一世紀にかけてわかってきました。

リーマン　ほう。それは、まっとうな方向ですね。もう少し具体的に言うと、どのようなことが解明されたのでしょうか。

小山　「オイラー積が臨界領域内である挙動をとれば、リーマン予想が成り立つ」という事実です。この「オイラー積の挙動に関する予想」はリーマン予想よりも論理的に強い命題となります。これを「深リーマン予想」と呼んでいます。

リーマン

小山　深リーマン予想を正確に述べると、図16のようになります。(1)はリーマン・ゼータ関数、(2)はディリクレL関数に関する記述です。いずれも、これが成り立てばリーマン予想が成り立つことが証明されており、リーマン予想よりも強い命題となっています。

リーマン　それで「深リーマン予想」と呼ばれるわけですね。

小山　はい。(1)は$s=\frac{1}{2}$に限定した記述となっていますが、これだけでリーマン予想が得られますので、一般のsに関する予想は省略してあります。(1)の数式は一見すると複雑なようですが、右辺は定数ですので、この式の意味するところは、左辺の分子と分母がともに発散してほぼ定数倍の関係にあることです。すなわち、この式は、分子の発散が分母の発散の度合いにほぼ等しいことを表しているのです。

リーマン　分子がオイラー積の挙動を表していることから、(1)は、実部が1より小さなところで発散するオイラー積の、発散の度合いを精査しているわけですね。そのことから臨界領域のリーマン・ゼータ関数 $\zeta(s)$ と、ディリクレ L 関数 $L(s)$ に対し、t 以下の素数にわたる有限部分オイラー積を、それぞれ $\zeta_t(s)$、$L_t(s)$ とおく。

(1) $\zeta_t(s)$ は、$s=\frac{1}{2}$ において、以下の挙動を満たす。

$$\lim_{t\to\infty}\frac{\zeta_t(\frac{1}{2})}{\exp\left[\lim_{\varepsilon\downarrow 0}\left(\int_{1+\varepsilon}^{t}\frac{1}{u^{1/2}\log u}du-\log\frac{1}{\varepsilon}\right)\right]}=-\frac{e^{\gamma}}{\sqrt{2}}\zeta\left(\frac{1}{2}\right).$$

ただし、$\gamma=0.57\cdots$ はオイラーの定数である。

(2) $L(s)$ が $s=1$ で正則ならば、オイラー積は $\mathrm{Re}(s)\geqq\frac{1}{2}$ で収束する。より具体的には、ある $c\in\{0,1\}$ に対して次式が成り立つ。

$$\lim_{t\to\infty}L_t(s)=\begin{cases}L(s)\neq 0 & (\mathrm{Re}(s)>\frac{1}{2})\\ \sqrt{2}^{\,c}L(s) & (\mathrm{Re}(s)=\frac{1}{2}).\end{cases}$$

図 16. 深リーマン予想

右半分 $\frac{1}{2}<\mathrm{Re(s)}<1$ におけるゼータの非零性が示せるとは、興味深いです。

小山　ええ。リーマン予想の主張「$\frac{1}{2}<\mathrm{Re(s)}<1$ においてゼータが非零」は、最終的な現象に関する記述としては、この上なく明確ですが、そうなる理由や背景については何も言及していません。その意味では予想として不完全であるとの見方もできます。

リーマン　それはその通りですね。元々、私は、零点の数値計算例から予想に至っただけです。もし計算例がなければ、理論的な考察だけで「$\frac{1}{2}<\mathrm{Re(s)}<1$ においてゼータが非零であろう」

と見抜くことはできなかったと思います。

小山　一口に「ゼータが非零である」と言っても、それが何故なのか、ゼータのどのような性質、さらに言えば、素数のどのような性質を反映して非零になっているのか、そこがわからなければ、解きようがないわけです。

リーマン　予想が成り立つ根源的な理由に着眼した視点は重要ですね。私もそこまでは考えませんでした。

小山　オイラー積の発散の度合いは、結局、素数が元々持っている性質です。このことから、リーマン予想が素数の性質を反映している命題であることが、改めてわかるわけです。

リーマン　先ほどから話題に上っているように、私の予想が素数定理の誤差項に関係していることは良く知られていますが、深リーマン予想によって、もっと直接的に私の予想と素数の性質の関係がわかったと言えますね。

小山　そして、このことは、ディリクレL関数について考察すると、より明瞭になります。図16(2)をご覧ください。

リーマン　これは、「オイラー積が収束する」ということですね。

小山　はい。$\frac{1}{2}<\mathrm{Re}(s)<1$では、オイラー積は実は収束すると考えられます。これはもちろん、絶対収束ではありません。絶対収束ではない、いわば普通の収束がどこでなされるのか、そんな基本的な問いも、これまでほとんど考えられてきませんでした。

リーマン　$\frac{1}{2}<\mathrm{Re}(s)<1$では、オイラー積が収束して、その結果、ゼータ関数が非零になると

いうことですか。

小山　そうです。先ほど、無限積の定義を復習したときに論じましたが、無限積の収束には、単に値が極限に限りなく近づくだけでなく、その極限値が0でないことも含まれます。その意味で、$\frac{1}{2} < \mathrm{Re}(s) < 1$ でオイラー積が収束無限積であるということは、それ自体がリーマン予想を含んでいるわけです。

リーマン　私の予想にある「ゼータ関数が非零」は、解析接続した値が非零という意味であり、それには「オイラー積が発散するが、解析接続した値は非零」「オイラー積が収束して非零」の二通りがあり得ます。深リーマン予想は、そのうちの後者が成り立つだろうという主張ですね。

小山　そうです。そして臨界線上 $\mathrm{Re}(s) = \frac{1}{2}$ では、非自明零点がありますが、そこでも、オイラー積は0に収束しています。

リーマン　無限積の標準的な定義では「発散」に当たるところですね。

小山　はい。しかし、単なる発散と異なり、無限積の値としては、0という意味のある極限値を持っていることになります。

リーマン　無限積の収束を論じた際、極限値が0に収束する現象まで含めて定義を定式化するのは困難であるとのことでしたが、ゼータの零点におけるオイラー積の挙動は、まさにその困難な状況になっているわけですね。

小山　そうなります。複素関数論で標準的に与えられている無限積の収束の定義を、見直す必要があるかもしれません。

リーマン　臨界線上で、新たな因子$\sqrt{2}^{c}$が登場しているのは、どういうことでしょうか。

小山　このcは、ディリクレ指標の値域が$\{0, \pm 1\}$であり、かつ$s = \frac{1}{2}$の場合のみ、1となり、それ以外のすべての場合は0となります。

リーマン　オイラー積の値は、例外的に本来のL関数の値の$\sqrt{2}$倍になることがあるものの、多くの場合に本来の値をそのまま表しているというわけですね。

小山　ええ。このことからも、オイラー積がいかに強くリーマン予想に影響しているか、わかります。ゼータが非零であることの真の理由は、オイラー積の挙動にあったのです。

リーマン　ようやく、私の予想を超える命題が発見されたのですね。オイラー積に立ち返ることは、まさにゼータの基本ですから、この方向で私の予想の証明がなされるのは、自然なことに思えます。

小山　深リーマン予想は、リーマン・ゼータ関数だけでなく、より広範なゼータ関数に対しても成り立つと考えられています。

リーマン　一般的な枠組みで定式化可能な、自然な命題なのですね。

小山　リーマン予想が含んでいる真実、リーマン予想が成り立つ真の理由を、深リーマン予想は述べてくれているように見えます。

リーマン　深リーマン予想によって、ようやく人類はリーマン予想研究のスタート地点に立ったとも言えますね。そのような認識がようやくなされてきたことを、私も嬉しく思います。

終　章　数学の地平

小山　実は今日、私はある期待と恐れをもって、リーマン教授にお会いしました。リーマン教授の素晴しい才能、そして、私がお伝えしたリーマン予想解決に向けた具体的な方策――これらが出会った今、リーマン教授ご自身が、リーマン予想を証明できてしまうのではありませんか？

リーマン　たしかに、今日あなたから聞いた百五十年間の歩みは、非常に興味深いものでした。未来の数学者たちが切り拓いてくれた新しい地平を、私も歩いてみたいという思いはあります。

小山　これまで、多くの数学者たちがリーマン予想の解決に人生を賭けてきました。私も、もちろんその一人です。リーマン教授が私たちの研究方針を後押ししてくださったことは、とても大きな勇気を私に与えてくれました。しかし、これまでに為された多くの研究と同じように、この研究もまた、袋小路にぶつかる可能性はあります。二十一世紀どころか、二十二世紀になってもなお、リーマン予想は大いなる未解決問題として数学者たちを悩ませているかもしれないのです。もしも、リーマン教授がリーマン予想を証明されるのであれば、数学の歴史が飛躍的に前進することでしょう。それは、未来の数学者たちを救うことにもつながるのかもしれません。

リーマン そうでしょうか。私には、必ずしもそう思えないのですが。

小山 どういうことですか？

リーマン そういえば、私たちは出会ったときから、とてもスムーズに会話をしていますね。ドイツ人と日本人、それぞれに違う言語を持つにもかかわらず、こうして苦労せずに話ができているのは不思議なことだと思いませんか？

小山 たしかに。憧れのリーマン教授にお会いできた喜びで、そうした違和感は吹き飛んでいました。

リーマン 先月、黒川教授が訪ねてきたときもそうでした。その後でこの不思議な現象に思いを馳せるうち、私はひとつの予想に至ったのです。これは、私たちが数学の話をしているからではないか、と。

小山 数学の力で、国の違いを飛び越えているということですか？

リーマン そうです。私は常々思うのです。学問の中で、数学ほど普遍的な事象を扱う分野はないと。例えば、古代ギリシャに発見された公式の美しさは、世界中どこに行っても、どの時代でも全く変わりません。

小山　ええ、まさにそれが、私が人生をかけて数学に取り組む理由です。数式を眺めるとき、そこには、国や時代の違いくらいではビクともしない、確固たる美しさがあるように思います。言うなれば、世界の真実にとても近いところにいるような、そんな喜びがあります。

リーマン　ドイツにはドイツ語、日本には日本語という言語があるように、世界にも世界の言葉がある、それが「数」なのではないかと私は思います。その言葉を読み解くことで、私たちが住むこの世界について知識を広げてきた歴史が、そのまま、数学の歴史なのではないでしょうか。今日、お聞かせいただいた百五十年間の歩み、それはたしかに、苦しみと不安に満ちたものだったかもしれません。リーマン予想に取り組んだことで、不遇の中で生涯を終えた数学者もいたでしょう。しかしそれは、世界を知っていく過程としては、決して無駄なものではなかったのだと思います。仮に袋小路に迷い込んだとしても、それで初めて開ける視野がある。その積み重ねの上に、数学自体を変えていくような大胆な発想や、私の予想を超える命題すら発見された。これらは、私がリーマン予想を証明していたら開けなかった地平です。

小山　たしかに、リーマン予想がこれほどの難問でなければ、セルバーグ・ゼータ関数も、絶対数学も、深リーマン予想も生まれていなかったでしょうね。

リーマン　私のリーマン予想も、オイラーをはじめ、過去の数学者たちのつないでくれたバトンのお陰で生み出されたものです。それがさらに次の時代へとつながり、数々の豊かな実りを生み出していることを知り、今日はとても充実した気持ちになりました。

小山 ありがとうございます。私は二十一世紀に戻り、引き続き、自分の研究に取り組むことにします。また、一人でも多くの人が、数学の未知なる地平に挑んでくれるよう、今日の出会いをインタビュー録にまとめ、発表したいと思います。

リーマン 私たちの会話が未来の人々の目に触れるということですか。その出会いから何が生まれるか、楽しみですね。

小山 本日はお忙しい中、貴重なお時間を割いていただき、また、今後の指針となる有益なアドバイスを沢山くださり、本当にありがとうございました。

ベルンハルト・リーマン　Bernhard Riemann

1826年生まれ、1866年没。数学者。今世紀最大の“難関”と言われる「リーマン予想」の生みの親。数論、解析学、幾何学などの分野で業績を上げ、その後の数学の発展に大きく寄与した。ドイツのゲッティンゲン大学で教授を務めた。

邦訳に『リーマン論文集』（足立恒雄ほか編訳、朝倉書店）、『幾何学の基礎をなす仮説について』（菅原正巳訳、ちくま学芸文庫）がある。

小山信也（こやま・しんや）

1962年新潟県生まれ。数学者。東京大学理学部卒業。東京工業大学大学院理工学研究科修士課程修了。専門は整数論、ゼータ関数論、量子カオス。現在、東洋大学理工学部教授。

著書に『素数からゼータへ、そしてカオスへ』（日本評論社）、『ABC予想入門』（共著、PHP研究所）、『ゼータへの招待』（共著、日本評論社）などがある。

黒川陽子（くろかわ・ようこ）

1983年栃木県生まれ。劇作家。早稲田大学大学院文学研究科修士課程修了。

2007年、『ハルメリ』で第13回劇作家協会新人戯曲賞受賞。そのほかの作品に『どっきり地獄』『ロミオ的な人とジュリエット』『相貌』などがある。

リーマン教授《きょうじゅ》にインタビューする　ゼータの起源《きげん》から深《しん》リーマン予想《よそう》まで

2018年4月17日　第1刷印刷
2018年4月27日　第1刷発行

著　者　小山信也《こやましんや》
構　成　黒川陽子

発行者　清水一人
発行所　青土社
〒101-0051　東京都千代田区神田神保町1-29　市瀬ビル
電話　03-3291-9831（編集部）　03-3294-7829（営業部）
振替　00190-7-192955

印　刷　ディグ
製　本　ディグ

装　幀　松田行正＋倉橋 弘

ISBN978-4-7917-7063-2